直视全貌

商业、生命和社会生活中的复杂系统科学

[美]约翰·米勒 John H. Miller 著
蔡承志 译

A Crude Look At The Whole

The Science of Complex Systems in Business, Life, and Society

格致出版社 上海人民出版社

序　言

这些异乎寻常的静默景象一度让我焦虑，如今它一天天渗入我的身体，而一种不可理喻的感受随之涌现，我觉得自己找到了寻寻觅觅的事物，却也始终不知那是什么。

——彼得·马修森（Peter Matthiessen）：

《大树：人们出生的地方》（*The Tree Where Man Was Born*）

过去20年来，我有幸参与了一项精彩的科学研究计划。至于这趟求知进程是位于科学的边陲还是前线，那就完全取决于你站在什么位置，还有你所眺望的方向。当初，在我踏上这条道路时，心中遵奉美国当代小说家托马斯·品钦（Thomas Pynchon）的律令："我们必须追寻前人不曾想象，或因告诫而避开的路径。"我拥抱一种新的建模手法，这门学问所用到的运算能力正不断进步，它能试着解决在此之前太过复杂、无力分析的问题。我的目标是一秉初衷，专注于早先促使我追求科学研究的大问题，而不是在研究所和后续研究期间所承受的压力迫使下转换求知方向，转而在狭隘的主流典范中随波逐流。

1988 年，我有幸加入一个深藏在新墨西哥州偏远沙漠里的小团体，与一群志同道合的思想家往来。复杂系统的新浪潮就以这个朴实的地方为起点。今日大半研究机构和科学家，皆在传统范式和领域里投入了庞大的资金，因此这种新兴研究领域一开始很不被重视。结果，这种被忽略的状态其实算是一种好运，因为这让越来越多有创意、有天分的科学家——他们各自因为不同理由，皆认为有必要从不同角度思考——得以摆脱学术机构的规范约束，创造更适合解决世界重大问题的新颖调查形式和研究机构。与传统学术领域不同，我们这个团体以“适应性”和“稳健性”等观念来建构问题。我们拥抱信息时代所创造的新工具，发展出各种新方法，超越了多数科学家所用的 19 世纪工具。我们创立了新的学术研究机构，例如圣塔菲研究所，它是酝酿中的革命的体现，能轻松交流理念、实例并使用工具，也打破了先前各学术领域之间的藩篱。这项行动十分不合体统，传统学术势力对我们的活动视若无睹，而这让我们有时间修正观念和方法，于是也才能开始认真对主流范式提出重大挑战。

其间数年，复杂系统领域有时间慢慢整合。复杂系统向来善于跨越常见的学术疆界。不过，在复杂系统浩瀚的科学领域中，涌现出一小组关键理念，正是这些理念成为本书的核心。我本身的兴趣便是以复杂社会系统为主轴——这是以其内部相互影响且经推敲过的（不过也许不那么优秀的）互动因子而组成的系统——这本书所呈现的实例也多半来自这个领域。

由于复杂系统这门学科演变迅速，本书提及的论述将包含已知信息与可信推论。因此这里讨论的成果，有些是基于长期研究得出的可靠成果，有些则比较倾向于推测。我期望终有一天，能传达不断追求知识的兴奋感，同时也为复杂系统确立它未来的前景。当然，书中任何一章的观点都精选自众多现有的概念。

本书纳入讨论的研究，部分采撷自昔日或延续迄今的长期合作成果，合作研究者包括西蒙·戴德奥（Simon DeDeo）、拉塞尔·戈尔曼（Russell Golman）、史蒂夫·兰辛（Steve Lansing）、斯科特·佩奇（Scotte Page）、汤姆·西利（Tom Seeley）、米凯莱·图米内洛（Michele Tumminello）和拉尔夫·津纳（Ralph Zinner）。此外，与沃尔特·丰塔纳（Walter Fontana）、范萨维奇（Van Savage）和杰弗里·韦斯特（Geoffrey West）的讨论也多有助益，我并因此修正了部分信息。再者，穿梭本书所有篇幅的种种思绪，也都得力于以下人士的鼓舞和讨论，包括：菲尔·安德森（Phil Anderson）、肯·阿罗（Ken Arrow）、布赖恩·阿瑟（Brian Arthur）、鲍勃·阿克塞尔罗德（Bob Axelrod）、特德·伯格斯特龙（Ted Bergstrom）、肯·博尔丁（Ken Boulding）、吉姆·克拉奇菲尔德（Jim Crutchfield）、罗宾·道斯（Robyn Dawes）、多因·法默（Doyne Farmer）、保罗·菲施贝克（Paul

Fischbeck)、默里－盖尔·曼（Murray Gell-Mann）、约翰·霍兰（John Holland）、埃克卡·珍（Erica Jen）、斯图·考夫曼（Stu Kauffman）、史蒂文·克莱珀（Steven Klepper）、布莱克·勒巴伦（Blake LeBaron）、乔治·勒文施泰因（George Loewenstein）、科马克·麦卡锡（Cormac McCarthy）、诺尔曼·帕卡德（Norman Packard）、理查德·帕尔梅（Richard Palmer）、约翰·拉斯特（John Rust）、科斯马·沙利齐（Cosma Shalizi）、卡尔·西蒙（Carl Simon）、赫布·西蒙（Herb Simon）、彼得·斯塔德勒（Peter Stadler）以及哈尔·瓦里安（Hal Varian）。另外，还得感谢罗伯特·汉内曼（Robert Hanneman）、史蒂夫·兰辛（Steve Lansing）、巴尔多梅罗·奥利韦拉（Baldomero Olivera）、雅各布·彼得斯（Jacob Peters）、汤姆·西利（Tom Seeley）和杰夫·韦斯特（Geoff West）大方地提供研究成果供我制作图表。劳伦斯·冈萨雷斯（Laurence Gonzales）和我的编辑 T.J. 凯莱赫（T. J. Kelleher）分头负责详读原稿，两位都提出了宝贵建议，在此特别致谢。本书最后制作阶段承蒙休·沃尔高（Sue Warga）和梅利莎·韦罗内西（Melissa Veronesi）的关键贡献。最后要感谢我的代理人吉姆·莱文（Jim Levine）积极促成此计划。

我也有幸加入两家出色的科学研究机构：卡内基梅隆大学（CMU）和圣塔菲研究所（SFI）。两地皆有相同的学风，都找来了具有无限创意的聪明人士，把他们放进一个能激励同伴解决重要问题的环境，促使他们跨越常规，共同合作，同时尽量减少制度等事务的干扰。要维系这样的环境可不简单，我很感激能得见这般深富远见又能开创新局的管理人员，好比圣塔菲研究所创办人，感谢他创造了这样一个学术游乐场。我在卡内基梅隆大学担任系主任很长一段时间之后才真正了解，想让这样一个机构顺畅运作须面对什么挑战，还要感谢圣塔菲研究所所长杰里·萨布洛夫（Jerry Sabloff）、圣塔菲研究所教师会主席珍妮弗·邓恩（Jennifer Dunne）、圣塔菲研究所教师会前主席道格·欧文（Doug Erwin）、卡内基梅隆大学前教务长马克·卡姆利特（Mark Kamlet）和卡内基梅隆大学前院长约翰·莱霍茨基（John Lehoczky），感谢他们殚精竭虑地让这里运作顺畅。同样是关键协助角色的圣塔菲研究所同仁包括玛塞拉·奥斯汀（Marcella Austin）、派翠西亚·布鲁内略（Patrisia Brunello）、龙达·巴特勒–维拉（Ronda Butler-Villa）、朱尼珀·洛瓦托（Juniper Lovato）、纳特·梅思尼（Nate Metheny）、金杰·理查森（Ginger Richardson）、珍妮特·鲁本斯坦（Janet Rubenstein）、希拉里·斯科尔尼克（Hilary Skolnik）、劳拉·韦尔（Laura Ware）和克里斯·伍德（Chris Wood）。我在卡内基梅隆大学担任过社会和决策科学（也就是科学研究系统中那些会互相影响、经过设计的互动因子）系的系主任，感谢在匹兹堡时的同事团队。撰写书籍和管理一个研究系所不见得总是彼此兼容，我的事业经理人莎拉·贝尔纳迪尼（Sarah Bernardini）在这段过程中始终和蔼可亲，成效卓著，我对此深表谢意，同时也感谢我的助理马里·安妮·亨特（Mary Anne Hunter），还有其他同仁这些年来的鼎力相助。

最后要谢谢我的家人和“下沃尔德伦公社”（Lower-Waldron Commune），感谢我的朋友和匹兹堡的邻居，谢谢他们让我加入如此与众不同又充满生气的社群，在这里，每天都验证了复杂社会系统正向着正确目标和美好愿景而发展。

约翰·米勒

2014 年 8 月，新墨西哥州特苏基区

目　录

绪　论

今天的人类就像刚从梦中苏醒，困陷在睡梦幻境和现实世界的混沌当中。不断地寻觅，却找不到确切的地点和时间。我们创造出一种星球大战式的文明，带着石器时代的情绪、中世纪的体制，以及神一样的技术。我们斟酌推敲。我们茫然不知该如何理解存在的仅知事实，还有我们对自身与其他生命的危害。

——爱德华·威尔森（E. O. Wilson）：

《社会如何征服地球》(*The Social Conquest of Earth*)

残酷的真相胜过安逸的妄想。

——爱德华·阿比（Edward Abbey）

复杂性随处可见。

然而，我们的传统科学思考方式依然仰赖还原论（reductionism），这种信念赋予我们以阿基米德的杠杆工具移动世界，给我们一种清楚知道自己在做些什么的幻觉。但在我们栖身的世界中，就连最单纯的部分也能以种种复杂方式相互作用，在此过程中，一个整体突然成形，表现出与不起眼的起源看似毫无关联的行为。这个世界顿时就变得神奇、危险，这般简单的开端竟能显露出如此不可思议的结果，或酿成一场触目惊心的大祸。

究其根本，这种涌现行为（emergent behavior）很容易料想，却很难预测。有时，涌现物（emergence）与我们的需求一同出现。市场可能创造价格，从而传达重要且众多的信息，于是商品和服务也因此能被妥善分配，充分发挥用途。但有时涌现现象却会扯我们的后腿。相同市场可能会在不经意间开始自相残杀，酿出一系列的崩盘并偏离预期，导致世界经济陷入瘫痪，冲击数十亿人的生活达数年之久。

所以复杂性随处可见，而这种复杂力量，不但赋予我们在地球上立足的生命、思考的能力，也让我们得以创造丰富的生产力，复杂系统偶尔也可能让一切大大走样。最令人恼怒的是，就算我们试着预期这种失灵，建置种种机制，让系统都在人的控制之中，我们也因此进一步提高了系统的复杂度，造出了新的失灵路径。不论我们投入的是实体系统（physical systems），如核电厂、宇宙飞船或桥梁，还是设计如健康照护、赋税政策或粮食供应等社会体系（social systems），也会同时创造出意想不到的失灵系统。

事实上，期盼我们创造只发挥正面功效的复杂系统本身就是一种妄想。话虽如此，能妥善运作的复杂系统，为我们带来许多效益，所以我们乐意（也应该愿意）接受一些偶发的失灵。偶发一次波及少数市场的闪电崩盘（flash crash），或许只是个小小代价，但得以换来市场机制顺畅运作时所带给社会的无穷效益。

当复杂性随处可见时，“恶龙”也会出现。不过与其突然面对你所不了解的“恶龙”，不如好好认识这头“恶龙”。因此，了解我们所做的部分科学研究内容，更深入认识复杂系统的运作——还有，期望在这趟历程中，得知系统如何生成，又如何控制——跟着我们朝向高度相互作用（hyperinteractivity）的世界迈进，也就成为一项相当重要的投资。为了能在这个迫在眉睫的复杂时代生存下来，我们必须先发制人，不能总是处于被动。2010年的“闪电崩盘”后，美国证券交易委员会导入新的“股市熔断机制”，提供部分股票交易市场安全防护，然而这项政策背后的驱动力绝大多数只是基于直觉，而非基于科学测试平台。2008年的金融危机过后，我们对银行界施行了各式各样的压力测试，设法防范单一银行失灵，但真正导致崩解的其实是整体系统内部的彼此联系。

讽刺的是，运算与通信技术的进步，导致我们这个时代的复杂性提升，但也正是这样的进步使我们能以此为工具，认识甚或驾驭复杂性。计算机为我们开启一扇新的窗口，可针对复杂系统进行观察和实验。此外，借助新近发现的高速通信与协作技术，我们已经能够跨越先前无从克服的距离，这也可能加快我们的步调，促成必要的科学发现和革新。

“复杂”（complex）一词从前是用来描述超乎我们认识范畴的现象，而这也暗示超乎我们影响所及的部分。这种贴标签的做法是科学家（和政治家）的喜好，因此他们就能对社会的重大问题充耳不闻，例如气候变迁、金融体系崩溃与恐怖主义等。然而，我们将会在以下几章谈到，复杂性是自然界的其中一个面向，能供我们做科学检验、分析、认识，说不定还能进一步控制。当我们了解到这点时，一片浩瀚的疆域开启了，这才终于得以理解我们的世界。

我们正为了要认识、控制周遭的复杂世界而互相竞逐。这场竞赛一定要赢，我们才能兴旺，甚至也许人类这一物种须借此才能生存。我们的存续仰赖复杂系统中的粮食供应与能源网络，并且和全球气候乃至社会的所有体制相联系。我们已经成长到十分庞大且极度精密联结的程度，各种局域性的行为如今已经会带来影响整体的后果。

我们四处冲撞，每当出现任何动静，都有可能激发涌现，无论喜乐或惨祸。

第一章

哪里是真正的地点？

那里没有被画进任何地图；

真正的地点在地图上是找不到的。

——赫尔曼·梅尔维尔（Herman Melville）：

《白鲸记》（*Moby Dick*）

科学关乎定位。科学关乎把复杂的世界简化成地图上的稀疏标记，然后遵循这幅地图的指引，跨越原本无从理解，并可能条件恶劣的地貌。好的地图能尽可能地消除大量虚伪信息，于是留下来的信息就刚好足够引导我们该往哪里走。此外，制作精良的地图可以帮助我们深入认识周遭的世界。我们因而开始领悟河川都有特定走向，城镇不是随机设置，经济和政治体系也都与地理息息相关，诸如此类。

地图（和科学）往往更多的是关于我们忽略了什么，而非画进去了什么。诚如豪尔赫·路易斯·博尔赫斯（Jorge Luis Borges）在他只有一个段落的微小说《论科学的精确性》（*On*

Exactitude in Science）中描述："制图协会绘出一幅帝国地图，尺寸大小正如帝国版图，点对点逐一叠合。后续世代不再像他们的祖先那般喜爱研究制图学，只觉得那幅浩瀚地图毫无用处。"

不同的地图——就算画的是同一片地貌——能对世界提供不同的洞见。地形图提供世上各座山丘谷地的相关信息，其细节对徒步旅行者来说足够使用。公路图零星标记了各大城市和串连各城的道路，这些信息也刚好足以在驾车于乡间穿行时派上用场。若让地图和设计目的分离，只能导致不可避免的挫败。合宜的细节太少，或不当的细节过多，都会拖累我们认识世界的能力。

随着开发出愈益细密的地图，描绘愈益细微的现象，科学随之逐步进展。这种还原论策略的核心乃是寄予一种期望，即就算我们拥有极小部分的地图，我们也能以马赛克的方式拼贴成形，画出一幅如博尔赫斯所说的帝国版图。此项策略肯定失败，尽管绘制成果也许会让微小说中所称的制图协会十分开心，但那幅马赛克镶嵌画却一如博尔赫斯的想象，成为愚人徒劳无功的差使。

问题并不在于我们的知识不够完善，而是来自还原论者的梦想——不，是谬误。还原论之所以失败，原因在于就算你对构成系统各部位的零件无所不知，但是当这些零件形成整体时，彼此究竟如何相互作用，我们几乎一无所知。对单一一片玻璃的细节知识，无法帮你看出或欣赏整扇彩色玻璃花窗的光景。

过去几十年来，一门新的科学逐渐酝酿成形。这门科学承认我们的世界是由某些基本原则支配的（例如涌现和组织），这些原则化身为各种形式的欺人表象，遍布在科学领域的所有隐匿处。举例来说，物理学描述个别原子组成磁体，生物学说明细胞构成有机体，经济学陈述交易人形成市场。这些原则都具有普适性，这让习惯用科学分科角度思考的科学家大感意外，于是这门新科学也势必逾越了现有学术体制确立的传统分际。这门科学说明简单事件会生成复杂性，复杂事件则会生成简单性。这门科学拥抱新的调查工具，例如以计算机作为建构模型的基板，以摆脱约束，不再受限于寻常的科学工具（例如，至今我们依然依赖大量源自 17 世纪晚期的各式运算法）。更重要的是，这门科学挑战我们的传统认知，质疑把现象还原为最基本要素的做法。

我们追求的新科学，它可能会影响我们生活和命运的关键层面，却正如美国小说家赫尔曼 · 梅尔维尔（Herman Melville）所述："没有被画进任何地图；真正的地点在地图上是找不到的。"现今的科学——其中心理学和经济学互不相关、物理学和生物学彼此分离等等——其研究向来都很有成效。科学见解中所言的创造性杀伤力，本身便蕴含了一种内在追求，期望借由公开披露、评估并纠正来界定边界，这为我们提供了洞悉事理的原动力。然而，代价却是各门学术领域越来越疏远。精确审视世界的细小片段成为了学术常态，而且几乎完全偏离了我的圣塔菲研究所同事默里 · 盖尔曼（Murray Gell-Mann）所称的"直视全貌"。

这个问题看似无关宏旨，不过当我们在检视原先希望探索的真正地点时，就能看出它的重要意义。试举任何全球性的社会挑战为例，好比金融危机、气候变迁、恐怖主义、流行病、革命或社会变迁等，以上任何一项都无法跟任何特定学术领域的研究方向完全吻合。此外，就算哪一门相符，或许还原论者的研究途径仍然让我们无从认识整体。根据复杂性的基本原则所述，就连基本的部分一旦聚拢起来，似乎都会孕育出自己的生命。就算熟知某项事物，好比引擎的各个零件、每个螺栓、每个活塞与凸轮等等，我们依然难以得知，当这些零件组合在一起而彼此作用时，会发生什么事？此外，当我们改动某个部件（例如加大汽缸尺寸），这种程度的熟稔也无从让我们得知引擎整体将因此有哪些影响。

还原论几乎无法让我们深入架构。而复杂性正是普遍见于架构当中。

从市集广场（agoras）到阿米巴原虫，从蜜蜂到大脑，从城市到体制崩解，乃至斑马的条纹，我们的世界如同一部复杂性的百科全书。复杂性有时由演化等自然力形成，例如大脑浮现的意识；有时，我们会出手创造，像是在商品期货交易所里一连串稳定的价格波动，都出自看似混乱的噪声和动作。缺了复杂系统科学，我们几乎没有机会理解世界，更不用说塑造了。

有关复杂系统的学术讨论，最早可以追溯至1776年，亚当·斯密（Adam Smith）在《国富论》(*Wealth of Nations*）中简短论及，他以“看不见的手”形容一种力量，此力量可以促使盘算自我利益的商人在非本意的情况下得到有益社会的结果。当然，以“看不见的手”为本提出的科学命题，其实还比较像是向神明祈祷，而不似科学理论，而且这类命题对于经济学家的用途，也大概像是生物学家试着使用英国作家鲁德亚德·吉卜林(Rudyard Kipling）的一篇短篇故事集中解释花豹如何长出斑点一般。

复杂系统观的现代思想运动可以和原子时代和信息时代的开端一起探讨，那时数学家斯塔尼斯拉夫·乌拉姆（Stanislaw Ulam）和约翰·冯·诺伊曼（John von Neumann）等人使用世界上最早一批可编程的电子计算机，开始模糊传统学术界在解决问题（如机器是否真能自我繁殖等）时秉持的领域分界线。经过他们的努力，这样一类模型出现了，起初是简单、容易界定并相互作用的群集，最后创造出丰富之极的整体模型。

这些模型的研究是认识真相的重要一步，不只能得知动物斑纹的生长目的（即保护色），还能厘清它们是怎么长出来的。花豹的基因里是不是写有某种整体设计图？能指定它皮肤每个定点该长出的颜色，就如同数字图像文档指示计算机屏幕如何显现各像素单位的颜色，或者还有没有更普遍的解释能告诉我们，花豹是怎么长出身上的斑点的？

乌拉姆和冯·诺伊曼所开创的简单数学及计算机模型，给了我们一组透镜，让我们能以此审视复杂性的根源。我们发现，在局部相互作用的简单片段其组合就足以创造与初始源头殊异的整体行为。因此，花豹怎么会长出斑点，或海螺如何长出外壳图案，或甚至于交易所的骚乱如何导致井然有序的买卖和价格等可能的解答，也就立刻变得更为简单，更为普遍，也比我们想象的更耐人寻味。

过去几十年来，相互作用系统的相关研究已经为复杂系统开辟了新的疆域。不论我们考虑的是在计算机中以光速运作的抽象模型，还是历经一个世纪的稻米耕种作业或人类学典藏的百年稻作证据，一套能支配复杂系统的核心原则已经涌现。相互作用系统发展出各个因子间的反馈回路，接着这些回路开始驱动系统。这种反馈有可能经调节而变得纾缓或变本加厉，这取决于各因子间的异质程度。相互作用的系统往往也是先天充满噪声，这种随机性也可能带有料想不到的整体后果。当然，谁和谁相互作用也是这类系统的一项根本性质，这样的相互作用网络则是复杂系统中的必要元素之一。

反馈、异质性、噪声和网络等核心原则，可以用来认识复杂性的种种新层次。就如你的心智，有些复杂系统能以看似完全分散的方式，仿佛全无控制般作出协调而一致的决策。另有些系统则面对根深蒂固的约束（例如为身体所有细胞供氧），催生出种种标度定律（scaling laws），从而让世界中看似毫无联系的部分沿着一种简单关系排列。然而其他系统，如某些社会运动成员进入自组织的临界状态，便显露了系统常见的特征。许多相互作用的系统发展出因子间相互合作的复杂行为，一旦形成，就能让系统因子转入新的机会领域，我们如今也已奠定了能理解这种过渡现象的良好根基。最后，在复杂系统的现代科学萌芽期，我们发展出重新规划的方法和设想，也能为适应系统相关行为生成新的定理。

接下来，以下篇幅将要集中论述驱动复杂系统的核心原则，以及如何应用它们来认识复杂性的各个新面向。

相互作用的其中一个关键方面是反馈（feedback）。有时反馈能稳定系统，例如当我们为暖气炉安装一个灵敏度不高的控温装置时。有时，反馈会导致系统失控，例如当我们把麦克风摆得太靠近扬声器时会发出一阵刺耳尖啸。近期，由于市场的相互关联程度上升，随之诞生了一种反馈效应无所不在的系统。起因包括新的通信联结、衍生性证券以及高频计算机自动交易程序等。甚至这些变化已经远远凌驾于我们的理解能力之上，于是金融市场也就成为一种无心插柳的普罗米修斯式实验。最惊人的是，我们的经济生活却是以此为依托。

2010 年 5 月 6 日的“闪电崩盘”就是个实例，当时美国堪萨斯州堪萨斯市郊区一台交易计算机的程序出现了一个简单的错误，造成全球市场一次临时性崩溃。紧接着发生的动荡，则诱发了重要市场指数出现大幅价格变动，也导致原本很有价值的主要公司之股票售价跌到只剩几分钱（提醒各位，不是指花几美分就可以买到值一美元的股票，而是整个售价只剩几分钱）。所幸（也令人称奇）15 分钟之后，暂停交易措施启动了 5 秒钟，但已足够开始让系统重启，于是市场也回到原先的模式。

2008 年发生了规模更为浩大的事件，一场金融海啸席卷世界经济，影响遍及数十亿人的生活，而且直到今天还不断折腾我们。回头审视这场危机，我们可以发现经济市场的任何一个因子，从屋主到房贷经纪人再到评级机构，所有人作出的决定都是明智的，然而这些因子之间的相互关联，却酝酿出一连串不幸的反馈回路，导致系统注定要出错。

2008 年经济崩溃展示了经济学专业的一次重大挫败。经济学家不只是没有看出冲击濒临眼前，连事发之后依然毫无头绪，不知道该如何应付。这次失败的起因，部分可以追溯至还原论者想把事物拆解成简单的部件。依现代经济学理论的说法，这让我们开始仰赖“代表性因子”(representative agents)，也就是试图使用单一巨大消费者来代表所有消费者行为的架构。就某种程度而言，这种抉择出自 14 世纪修道士奥卡姆的威廉（William of Ockham）神父所述，相比较为复杂的解释，他更喜欢比较简单的解释。当然，奥卡姆仍须借助模型（不论复杂与否）来解释我们所希望了解的事项。就实际而言，“代表性因子”概念的使用也受到（一般都由经济学家使用）模型工具的限制，因为这类工具唯有在系统具有高度同质性的情形下才能派上用场。

同质性是种实用的假定（不论基于哲学还是实务理由），即便如此，复杂系统相关研究依然表明，异质系统的行为恐怕不是那么容易就能平均而得。不论我们探究的是蜂巢温控，还是暴乱爆发的可能性，异质系统的作用方式通常有别于同质系统。

认清异质性，不只会改变我们的预测，还能够进一步改变我们的政策制定方式。同质系统往往会经历快速变化和振荡，而异质系统的反应速度则通常都比较缓慢。所以启动或平息一场社会运动的能力，和牵涉其中民众的异质程度息息相关。同样的道理，市场要维持安定，或许投资人之间就必须存有若干异质性才行。

复杂系统往往先天带有某个程度的随机性，这种随机性又经常与其中因子的行为或互动结构相关。或许令人吃惊的是，这种随机性也可能很实用。一般来说，系统含有随机性是令人担心的事。现代企业管理的主要使命之一就是杜绝任何生产过程中的随机源头，并以此追求生产质量。既然如此，也就不难想象为何将随机性视为仇敌，而非可以拥抱的机会。复杂系统的研究结果却并非如此。达尔文演化理论的根本要素便是随机，这项理论根植于：繁殖过程的错误（变异）能为选择的磨坊（the mill of selection）提供谷物，创造出“数不尽的最美又最奇妙的组成方式”。

达尔文的理论以及随机性在当中扮演的角色，其实谈的是走在崎岖地貌间的发现。不论是发现新的生命物种还是新技术，我们发现新机会的能力不仅与我们的搜寻技巧，也与地貌的险峻程度息息相关。一旦地貌变得单一，仅是简单搜寻就能有良好结果。但以这样的搜寻程度要在崎岖地貌做搜寻怕是要落空。

随着构成地貌的元素相互作用的加深，地貌也变得更加崎岖。例如，假定我们正研发新的鸡尾酒疗法以对抗某种疾病。每一种添入的药物各自都有独立于其他药物的效用，那么只需要单纯地逐一加入各种药物，并且只保留能改善整体疗效的药物，我们就能迅速地找出药效最好的药剂。然而，如果药物会相互作用，这样的单纯搜寻策略就会失效，因为在种种相互作用之下，最佳路线的轨迹变得不再清晰。

结果竟是加入随机性就能大幅提升在崎岖地貌的搜寻能力。诚如詹姆斯·乔伊斯（James Joyce）所称的“错误……是通往发现的入口”。也正如演化依赖变异才有最奇异的组合，把错误导入搜寻，或许是促成新发现的强大策略。

接受一个系统中的随机性，也迫使我们放弃部分控制的企图。当我们遇到难题并期望加以改善时，或许放弃控制才是正确的做法。更广泛地说，真实情况中精心控制的中央系统，更像是某种受了还原论观念左右的现代产物，而非某种普适准则。众多实例一再显示，反馈、异质性和随机性等原则，共同促成了不具中央控制，但仍然相当有效益的复杂系统。有效的分散式决策可能就是从复杂系统中涌现的最佳新式旧思想之一。

当我们要做决定时，自然而然会倾向专注于自己的决定。过去几十年来，整个学术领域都致力探究人类如何做出决定。尽管了解我们做决定的大脑中的谜团是很有价值的研究领域，然而，如此一来我们便会太过轻率地对生物界其他数量庞大的决策机制妄下定论。例如，细菌的生存环境兼具有用与有害的化学物质，因此它们不断地面对攸关生死的抉择，必须时时权衡不同机会的利弊，来决定该往哪边移动。既然没有大脑，它们是如何办到这点的？更耐人寻味的是，人类（应该用上了大脑）和细菌（应该没有用上大脑）在简单实验中，会表现出相似的判断失误。

这种“明智决定毋须大脑”的观点令人咋舌。从单独一个细菌到蜂巢和金融市场等大规模的社会体系，我们身边满是决策后的结果。一群蜜蜂怎么能做出良好决定？蜂后其实并非领导者。它的日子过得非常孤独，扮演受到精心照料的产卵机的角色，它只能释放出自身健康和存活等相关信号，却不能向蜂巢其余成员下达行动指令。

卡尔·冯·弗里希（Karl von Frisch）在20世纪40年代晚期

得出的关于蜜蜂沟通的相关发现，促使之后的科学家仔细观察与分析蜜蜂的行为。经此我们才开始了解，一个群体如何在没有中央领导机制的情况下，梳理种种选项，做出良好的决策。例如，种群特别重要的（关乎生死的）决定之一是，如何在旧有居处太过拥挤时，着手寻觅新居。

一群蜜蜂光是用几个简单的规则和信息反馈机制，便解决了寻觅新地点的难题。侦察蜂在确认一处有机会的新位置之后，便向其他侦察蜂广为宣扬。地点愈好，侦察蜂就推广得愈热烈。这种分散式处理方式让蜂群得以先挑出几处位置并做妥善调查，最后在没有任何中央指挥的情况下，也往往能迅速地选定最佳地点。

了解这种分散处理有多项好处。它不仅解答了蜜蜂史上关乎生存的有趣案例，也验证了分散式机制如何解决难题。说不定我们还可以盗用这个方式，好比用来整合计算机网络或大型人类组织。最后，或许也是影响最为深远的，这种分散式机制能带来新的洞见，让我们深入认识相关现象。例如，或许可以把蜜蜂比拟为神经元，蜂巢如同大脑，而蜂群的决定是否就类似于人类意识？

复杂性出自相互作用因子所构成的系统。以特定方式将表现出简单行为的因子联结在一起，结果就会产生整体行为。当联结方式改变后，通常就会产生新的整体行为。基于这点，了解相互作用模式——也就是互动网络——如何影响人类行为是认识复杂系统的基础。

这时，就连简单的模型也会开始浮现有趣的行为模式，例如湖滨居民与邻人在生活质量方面相互较劲就是一例。在这样的简单系统中，当活动者的联结方式略微变动时就可能会出现迥异的行为。果不其然，当加入少数长距离联结后，我们就会发现，这毕竟是个小小世界，只需导入几项媒介，所有人就都能和新媒介产生关联。联结一旦出现，他们就会相互影响。因此，邻里关系的网络能左右整个系统范围内的行为。这类行为往往令人称奇。例如，一个混合均匀、彼比都能相互宽容的世界，很容易区隔出同质类型的邻里。

复杂性所催生的众多惊人原则之一就是标度定律。标度定律最早可以追溯至19世纪晚期，生物学家开始注意到，只要依比例排列，各种生物形形色色的躯体与生理特征等就都会依循某种简单的序列方式。只要通过某条简单的规则，就能知道单细胞生物与蓝鲸的代谢作用的关联性。例如，只需知道一只老鼠的心律和体重，我们就能据此预测一头体重千磅的牛的心律。这种预测能力与支配复杂系统的基本限制息息相关。在这种情形下，我们能密集打包生物生理反应所需的资料到何种程度，便是取决于标度定律。

标度定律也出现在其他复杂系统中。城市或公司的规模大小往往有明显的定律，最大的是次大的两倍，并且是第三大者的三倍，并依此类推。相同的道理，一本书中使用最频繁的单词的出现次数，也很可能两倍于出现次数第二名的单词。就连战役次数和死亡人数，也受标度定律的支配。

认识掌控我们生活的标度定律，能为我们提供一道通往认识未来的门。例如，20 世纪以来，我们见识到城市化发展的趋势。如今，世界超过半数的人口都住在城市。这种趋势对人类来说是好是坏？这个问题的答案与各座城市标度定律的系数相关。它能告诉我们，加深城市化的程度是否能以较少资源或更多创意等因素来达成。相同地，战争的标度定律也或许能暗示我们，未来可能还会见到多少冲突、酿成多少死难。

我们经常能在复杂社会系统中看到合作的涌现。系统内部的各个因子会彼此竞争或合作。竞争可以稍微改善因子的处境，但合作则能大幅增进。不幸的是，社会系统多半偏向竞争，其诱因胜过合作，起码就个人层级而言是如此。倾向竞争的系统很有可能落得较为次等的下场，并且将焦点留在竞争上。

尽管偏好竞争，但复杂社会系统依然有机会找到促成合作的方式，并使得社会向前跨越一步。巴厘岛农民在如画美景般的梯田永续耕耘了一千多年。即便农民为了至关重要的经济诱因，可能会相互争夺珍贵的水资源，但彼此的合作方式依然存续了下来。只要细心拆解支配生态系统的复杂动力学，并应用前面讨论的反馈和网络原则，我们就能解答这种明显反常的事例。令人称奇的是，当相邻农地反馈说出现庄稼病虫害时，农家彼此会倾向于用水共享，进行重新调整。经由这样的共享，社会也变得更好。此外，新发现的协作耕种模式也发展出小众的宗教习俗，各种神龛和庙宇都跟灌溉系统有紧密关系。

我们还能模拟一种抽象模型，以此观察并理解合作模式中的涌现和存续现象。我们发现，在一个野蛮竞争的世界，在竞争可以轻易压垮系统运作的地方，只要竞争策略稍微变动，合作方式就会浮现。因子之间的合作会发展出让大家得以认识彼此的沟通方法。如此一来，竞争能够从合作中得到好处，同时也减少损失。经由这样的机制，不仅能开展合作，还能延续关系。

最后一项原则是自组织临界性（self-organized criticality）。想象我们将一粒粒沙子慢慢堆积在桌上。当一粒沙落下时，它有可能落在一个稳定的位置，但在沙堆逐渐叠高的同时，这个位置也变得不再像先前那么稳定。再不然，它也可能落在某处不安定的位置，引发一场沙崩。

如此持续一段时间之后，这种稳定和不稳定的交互影响，会自然地成为自组织临界状态的沙堆。此时，大小规模不等的沙崩随时可能会出现（其分布则是依标度定律界定），其中小规模的沙崩则远比大规模的沙崩更常发生。

沙堆也暗示一旦我们进入了临界体制，落下的任何一粒沙子都有可能在罕见情况下引发一阵波及整座沙堆的崩塌。种种不同的社会系统也都可能朝相仿的临界状态演变。我们有可能现在就身处一座受沙堆数学控制的世界。从典型的全球事件中就能看出，股票市场可能经常受到众多例行程序的调整。然而，这类事件也可能在罕见情况下引发一场大规模的重新调整。支配文明的政治系统可能具有把民众推往临界状态的倾向，小规模事件偶尔会引致古文明崩溃，或者引致现代政府崩溃。

接着，我们要为以上这段对复杂性的探索做个总结，这段历程依循着一条弧线前进，起初是我们在原子时代和信息时代的开端，认识到原子间的相互作用而抱持期望；最后则在制定复杂适应系统的新基本定理后画下句号。20 世纪 50 年代初期，尼古拉斯·梅特罗波利斯（Nicholas Metropolis）等人发展出一套用来探索分子层级系统相互作用的算法。这套算法是一组简单操作，遵循这组操作进行到最后，我们就能获得一组不可能直接求得的关键信息；就像魔法一般，这个算法算出了不可知的事。如今，相关的算法已经成为我们这个新兴解析年代不可或缺的要素，它先解答了一个关键问题，于是我们才得以把 18 世纪长老会牧师托马斯·贝叶斯（Thomas Bayes）的统计理念，用来解决真实世界中从网络广告到无人驾驶车辆的各种问题。

复杂适应系统的核心是一群因子寻找更好的结果。稍做几项简化步骤之后，这番探究的关键方面就可以和前述算法连在一起看。因此，这类系统中的组成因子，不知不觉就在一种宇宙算法的支配下起舞。基于这种关联，我们推演出一种新的复杂适应系统理论，它拥抱了该算法的神奇力量。这个新理论意味着这些因子在适应复杂系统之时，它们的适应表现皆受到概率支配，而这些概率和它们的潜在适应性密切相关。虽然因子比较容易表现出较佳解法，但始终都有可能（概率较低）出现较差的状况。这个结论让人既喜且忧，因为尽管因子经常发展出最佳结果，但它们偶尔也不免要失败。

复杂性随处可见。探索其核心原则会引领我们踏上旅程，跨越眼前已勾勒出的科学景观。这趟旅程会途经令人敬畏、启迪灵感与发人深省的景点，这些洞见正是我们以科学视野认识这个世界时所不可或缺的关键，也是当我们面对险峻挑战时得以生存的必要能力。这是一趟探访真正地点的旅程，那里的地图不见得都画得很好，不过，在我们基于与生俱来的渴望与需求试探前方未知边界时，那些地图的确能为旅人提供充分的线索。

第二章

简单的开端：生命的相互作用

以此观之，生命极其壮丽。生命的几种力量，起初注入了一个或好几个形式中；而且，就在这颗星球依循既定的万有引力定律周期运行时，从这么简单的开端，产生出了数不尽最美又最奇妙的形态，自始迄今仍在演化。

——查尔斯·达尔文：《物种起源》(*The Origin of Species*)

我们身边充满“数不尽最美又最奇妙的形式”，不论它们的具体形貌是我们在这颗星球上找到的无数物种之一，还是隶属纽约证券交易所等人造结构。达尔文的敏锐洞见，那壮丽而恢宏的生命观念便告诉我们，具有变异遗传性的繁殖和自然选择，能从简单的生命开端演变出非凡的结果。而 1972 年由物理学家菲尔·安德森（Phil Anderson）提出的另一个相关洞见，则成为复杂系统的中心思想。他假定简单片段经相互作用，最后就会涌现最奇异的新颖形式。

简单片段的涌现可能产生新的形式，其称为“多者异也”

(more is different)。这项假设直接挑战了现代科学的根基。

现代科学的核心基础建立在对还原论威力的信念上：要了解世界，我们只需了解其片段。所以，只要我们能透彻了解原子，我们也就能够认识化学，因为化学家研究的不过就是原子的集群，接着我们就能从这里通晓生物学，因为生物学的基础是化学，并依此类推。相同的道理，就社会系统而论，就像我们只要了解一颗中子，我们就能认识大脑，因此理解每一项决策，就能接着通晓集体决策，于是我们也就能深入了解政府和企业，最后彻底通晓经济、政治和社会整体。

“多者异也”假设的关键在于，还原论并不必然包含建构主义（constructionism)。也就是说，即便我们能研究与认识世界最简单的构成要素，而且就算世界是由这些要素建构而成，也并不意味着我们就能了解一切事物。事实上，想要重建这个世界，我们就必须先有个理论，来说明一旦构成要素组合在一起时彼此如何相互作用。就像伊斯兰教苏菲派（Sufi）的一句古老格言：就算你认识数字 1，也知道 1 加 1 等于 2，不过除非你知道“加”的意思，否则你依然不认识 2。

就拿本页的文字为例。每个字都是由每英寸好几百个点共组而成，而且各点之间的关系也都经过仔细排列。不过这些点却包含某种固有属性，于是文字就此浮现，而且就算各点的关系略微改动也无妨，我们依然可以理解，就像某些网页的验证码扭曲图像（参见图 2.1）。

Complexity Abounds

注：一条“全自动区分计算机和人类的公开图灵测试”（CAPTCHA）的变形验证码，这套体系依赖的是字母形式在人类心智中涌现的复杂性。

图 2.1 一个验证码的挑战

再者，文字比邻摆放时，便出现新的性质，带上新的意义，最后更促成字词的涌现。这种涌现力量十分强大，就算把每个字词所含文字的先后次序打乱，我们也仍然可以轻易认出字词为何。

上述概念可以用一个数学学派的想法来说明，这个观念最早是由拥有出奇成就的冯·诺伊曼所开创，其研究课题是“元胞自动机”（cellular automata）的结构。刚开始这是个空白棋盘，最顶上一列随机摆放一些棋子。随后各列根据上方那列的模式，依循某个固定规则，在特定方格中摆进棋子。举例来说，假定规则说你只能在正上方有棋子的方格里摆放棋子。倘若我们严格遵守这条规则，那么每列都只会完全复制上方列的摆法，于是棋盘会慢慢填满垂直条带，每条分别列在最顶上起初随机摆置的各棋子下方。这条规则虽然相当无聊单调，却也点出了一个非常局域性（只看正上方的方格，忽略较远处方格）的简单规则，也就是如何产生总体性的模式，这个例子便是排出了一组垂直条带，而且如果发挥一点想象力，是不是很像斑马的条纹呢？

让我们把这个规则弄得更复杂一点。假定我们的规则不只是参考正上方的方格，还取决于该方格的左右邻格。这次的规则共有 256 种可能的排法，让我们预谋如下排列：如果上方三个方格当中只有一个放了棋子，或只有正上方与右侧邻格放了棋子，那么便在下方格子添加一枚棋子，否则就留下空格（对于这类自动机而言，这被称作“规则 30”*）。图 2.2 显示了这个规则可能生成的图案。这幅图案的主题是大小不等的可爱倒三角形，分别摆放在看似随机的位置上。此外，注意其中某些结构还延伸跨越棋盘的许多方格。这种大范围的结构令人诧异，因为任何方格都只与正上方三个方格有关，然而生成的结构却不以三格为限，而是

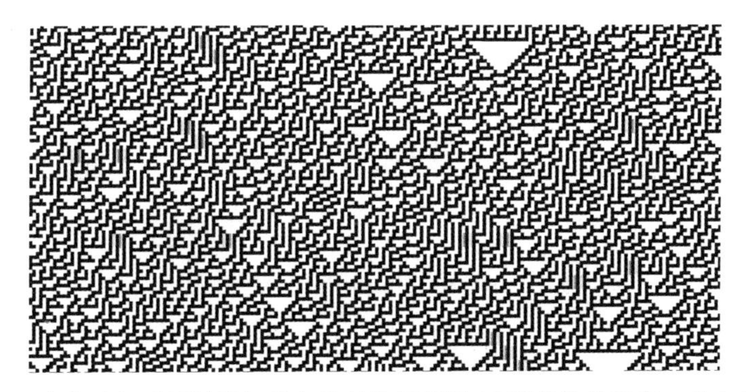

注：元胞自动机采用随机初始条件并使用规则 30 所产生的图案。其中包含大量方格，遍布整片棋格，而且左侧向右侧包覆形成一个圆柱。
资料来源：由计算型知识搜索引擎 Wolfram Alpha 产生。

图 2.2　规则 30 产生的一种图案

* 规则 30（Rule 30）是一个由史蒂芬·沃尔夫勒姆在 1983 年提出的单维二进制元胞自动机规则。在沃尔夫勒姆的分类体系中，规则 30 属于第三类规则，表现出不定期、混沌的行为。——编者注

伸展跨越了数十个方格。

这段探讨证实了简单的局域规则会生成有趣的（甚或是复杂的）整体模式。当然，知道某种现象有可能出现，并不代表它就存在于自然界，或者真的存在于自然界，也不代表此现象很重要。然而，就本例而论，这个规则是这个世界的重要部分之一。

芋螺是一种看起来较低等的海螺，但起码有两点让它相当出色。首先是它们可能致命，因为芋螺有一根鱼叉状的尖齿，能以惊人的速度从尖端伸出，动作十分灵巧，而且它还附着于一种内含高效能神经性毒素的毒腺（当心法国蜗牛料理!）。第二个惊人的特色就是与刚刚提到的倒三角图案规则有关，有些种类的芋螺外壳带有漂亮的图案，如图 2.3 所示。

注：海生贝类花翎芋螺（Conus omaria）的外壳花纹。

图 2.3　一种海螺的贝壳图案

芋螺外壳图案之所以特别引人注目，是因为那种花样和元胞自动机所生成的图案相仿。我们并不是声称芋螺便是运用规则 30 为外表添加花样，但眼前所见的图案很有可能不是出自什么整体规划，而是单纯由某种局部规则生成。

是否还有其他形成的方式？在一种极端状况下，也许那种贝壳图案内有整体规划。随着贝壳增长，那种海螺之所以知道哪点该摆到哪里，是因为它以密码总规划为本。我们甚至还可以把完成的图案说成是某个智能设计师的作品，而且说不定是为了让那种海螺披上伪装图案，方便狩猎，这种解释似乎比另一种显得多余。

芋螺的外壳是靠增生边缘而长成的。当它新生成时，色素的沉积由形形色色的活化、抑制化学程序来决定，而基于自然法则的必然性，过程都与局域条件息息相关。因此，依循诸如以下的自然法则，即“若是邻近范围只有一个深色细胞，则增生一个深色细胞，否则就增生一个浅色细胞”（或许是由于太多深色细胞会抑制形成新的深色细胞，而太多浅色细胞则会生成一个深色细胞），差不多就可以达到规则 30 所揭示的效果。规则 30 还会区分左侧、右侧邻格。然而，这种被称为“对掌性”（chirality）的不对称性也同样出现在生物系统中。* 例如，海螺类群任意物种的所有个体，其外壳几乎都朝同一个方向盘绕。

基于前述关于芋螺贝壳如何长出外观图案的两种不同解释——其一是芋螺保有一幅整体染色总规划，而且会仔细监督、

---

* 即身体系统。——编者注

指导外壳增长状况，另一种是经由非常局部的化学交互作用来决定新生细胞的色素沉积——较为简单的解释不免显得比较讨喜。这种假设唯一和直觉不符的就是最后所浮现的图案，倒三角形图案一再出现，似乎有点太过巧妙，不太像是局部条件之下的结果。若非有元胞自动机的示范，我们大概也不会相信这种图案真的可能如此产生。

局部交互作用有可能产生有趣的整体图案，这番见解具有某些重要的演化意涵。事实上，演化科学有个新学科便奉守这种观点，研究者们专注研究生物形态的演化和发育过程的关系，称为"演化发生学"(evolutionary devolopmental biology，evo-devo)。

在一个由演化驱动的世界里，芋螺外壳图案的生成目的很可能和成功生存的芋螺有关，可能是这种图案能提供某种演化适应的直接优势，要不然就是由于它搭上了某种适应优势的便车。在这个例子中，图案有可能为这种动作迟缓却肉食性的海螺带来好处，可能让它们拥有某种伪装来骗过猎物，或让它们在猎物眼中变得很有吸引力。

前面讨论棋盘自动机时，我们见识到简单规则如何产生整体模式。事实上，针对只看正上方方格以及邻格的自动机而言，我们只需要八条信息就可以定义一条规则（三个连续方格有八种排列可能，此外我们还需要另一条信息决定在各个排列组合的状态中，是否该在下一列方格中摆上棋子）。只需稍微改动这八条信息中的一条，就很有可能拟出一条新规则，从而生成新图案。例如，图 2.4 来自经小幅改动的规则 30，也就是唯有上方三个相邻方格当中只有一枚棋子时，才在方格中摆放棋子（规则 30 也采用相似做法，不过它在正上方方格和右侧邻格都有棋子时，也会摆放一枚棋子）。

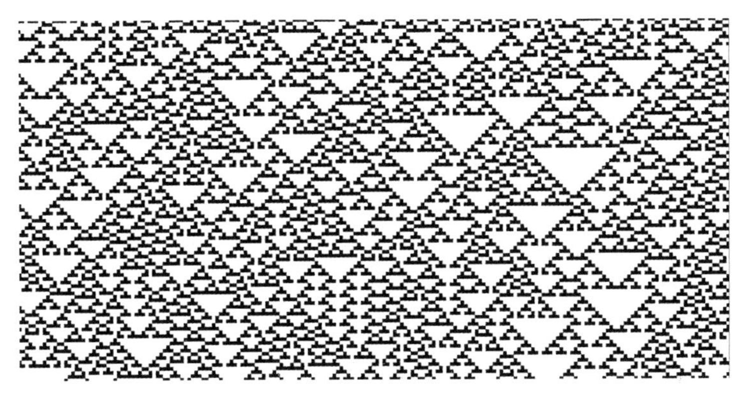

注：元胞自动机使用规则 22 并采用随机初始条件时就会浮现此图案。规则 22 是规则 30 的“单一突变”邻居。

资料来源：由计算型知识搜索引擎 Wolfram Alpha 产生。

图 2.4　规则 22 产生的一种图案

这条新规则被称为“规则 22”。读者可以看出，这样会生成比较规律、对称的图案，所以倘若想隐藏自己的身形，这恐怕不是很好的做法。但另一方面，这种新图案似乎大胆得多，增添了对称性，也引来观赏者的一些好奇心（至少让我这个观赏者心生好奇）。所以，只需稍微改动其中的化学（规则），发育过程中就会产生非常不同的图案，而且有可能为芋螺带来好处（如果它能猎食受到这种对称性吸引而来的好奇人类)。姑且不论这个特例，其核心在于，连局部的微小改变都可能影响深远：从这么简单的开端，展开其变化无尽的生命形式……

就像任何优良的模型一样，元胞自动机能以一种规则非常明确且精简的方式掌握重要现象的精髓。此方式提出了一项很有建设性的证明，告诉我们简单的局部规则如何产生复杂的整体模式。复杂性还有另一项表现形式也很有趣，即复杂的局部行为会产生简单的整体结果。这个观念最早在两百多年前便被纳入了正式学术讨论，并构成现代经济学的基础。

1776年，亚当·斯密发表《国民财富的性质和原因的研究》(即《国富论》)。他在这部巨著当中论述道："他所盘算的只是自己的利益。而他与其他众多事例一样，都受了一只看不见的手引领，尽力达成一个并非本意想要达成的目标。"将近两百年后，肯尼思·阿罗（Kenneth Arrow）和杰拉德·德布鲁（Gerard Debreu）在1954年就亚当·斯密的假设提出了一项正式的存在性证明，也就是说，在特定条件下，我们总能找到一组价格，在依循此价格的状态之下，经济活动因子——各自追求自己的利益——会购买或出售恰好足量的各类商品来均衡价格，并借由交易谋得社会的最大利益。因此，市场的混沌表象便偶然由一种宏观的精密装置所取代，这并非出自任何人的本意，却能把一切导向均衡态势，甚至还能在"如果不损及其他人，就无法改善任何人的处境”的交易环境中，产生均衡结果。如亚当·斯密所述：“当他追求自己的利益时，往往也同时提升了社会利益，而且比在真正想提升社会利益的情况下做得更好。我从来没有听说，任何人起心动念为换取公共利益时，最后能成就多好的结果。”

亚当·斯密在经济学家所谓“一般均衡”方面的深度见解，正是经济学思维的卓越和数百年智慧的一环。促成这种思维的原动力，通常来自试图解决矛盾的悖论。例如，水是维持生命的基本元素，但价格低廉，而钻石是非必要的虚华饰品，却很昂贵。怎么会这样呢？

这道难题的答案在于，倘若只考量对商品的需求（所谓的市场需求侧），就只能得知全貌的某一部分。除了商品的需求之外，我们还得考虑它的供给侧。所以，可饮用水水量充裕（不过如今已经正在改变），而钻石则很稀少，而且不太容易找到。中世纪伊斯兰经济学家伊本·泰米叶（Ibn Taymiyyah）在 14 世纪写道：“倘若商品的需求增加，可得性却降低了，则价格会提高。换言之，倘若商品的可得性提高，但需求减弱了，则价格就会下降。”后来这个概念又经过一些思想家逐步修正，包括约翰·洛克（John Locke）1691 年的研究成果，而詹姆斯·德纳姆–斯图尔特（James Denham-Steuart）早在 1767 年出版的书中就第一次使用了“供给和需求”的说法，这比亚当·斯密的《国富论》早了 9 年。

1870年，弗莱明·詹金（Fleeming Jenkin）发表了一篇论文《以图形表示供给和需求以及供需在劳动市场的应用》(On the Graphical Representation of Supply and Demand and Their Application to Labour)，文章对供给和需求的解释力进行了图解，后来经过阿尔弗雷德·马歇尔（Alfred Marshall）在1890年的若干改良和推广。自此，每位新进经济学家都在导论课上学习供需图解法。供给和需求图是极少见的出色科学图解，以简单、实用的做法汇整复杂现象并予概述。其他相似的图示包括每日天气图中的高压和低压锋面，以及一些平常不易见到的例子，例如可用来追踪特定类型粒子对量子场论状态的费曼图。

供给和需求背后的基本理念相当简单明了（至少事后回想是这样）。首先，我们分别考虑商品的潜在供应商和需求者在种种价格变动下所表现出来的行为。举例来说，假定我们有两位供应商能以10美元成本生产一种商品，另外两位则以30美元成本生产同一种商品。于是我们就可以描绘出一条供给曲线以总结四位供应商的行为。曲线显示在不同价格下（y轴）各有多少商品售出（x轴），如图2.5所示（这里采用的轴线名称是个历史产物，有别于科学常规把自变量——此处是价格——列于x轴的惯用做法）。因此，价格为5美元时，没有人愿意卖；价格为25美元时，两位成本10美元的供应商都愿意让他们的商品上市，但两位成本30美元的供应商会放弃上架，依此类推。相同的道理，我们也能以图示描绘出需求者的潜在行动，概述市场的需求侧。假定我们有三位愿意支付最多 20 美元购买一件商品的需求者，另有一位则愿意支付 40 美元。那么，当价格为 30 美元时，只有商品价值基准为 40 美元的需求者才愿意购买，而当价格为 20 美元或更低时，四位需求者都会想购买。

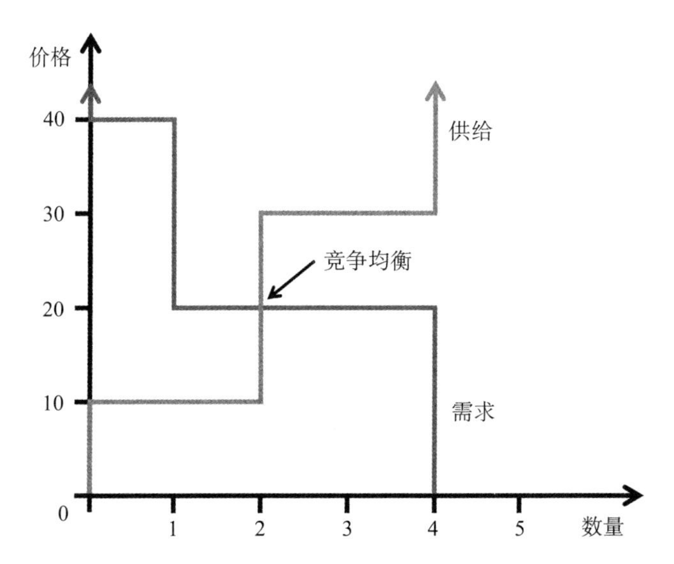

注：市场中有两个生产成本为 10 美元的卖方，另两个的成本则为 30 美元；同时有一位需求者的价值基准为 40 美元，另外三位的价值基准则为 20 美元。在竞争均衡的情况下，我们设想两件商品会以 20 美元价格完成交易。两笔交易乃是由两位生产成本为 10 美元的供应商，以及一位价值基准为 40 美元和价值基准为 20 美元的三位需求者之一所完成。

图 2.5　简单市场的供给和需求

供给和需求图是一批巨量信息的巧妙总结。每条曲线简洁地勾勒出驱动市场的内在力量。供给曲线记录了最新生产技术、劳动者的动机、必须投入转换成最后制成品的货品的可得性等。需求曲线记录了个体对商品的需求程度、替代商品的可得性，以及诸如此类的其他因素。

单单知道供给和需求曲线的外形，就仿佛可见天气图上的高压区与低压区在哪些地方。这确实相当有趣，不过唯有当你拟出了理论说明两锋面相互作用会发生什么事情，资料才能变得有用处。

经济学家一般都依赖一个理念，即系统会倾向于追求均衡并秉持这项原则预测接下来会发生什么事情。当然，我们的世界完全没有任何固有特性足以显示系统会取得均衡，不过这种假定确实具有几项优点。首先，有些系统或许真有某些外力把它推向静止态。举例来说，假设取一颗圆珠抛落碗中——重力会促使圆珠向下坡滚落，最后它会逐渐在碗中最低点静止下来（倘若那个碗有严重凹痕，圆珠就会停留在凹痕的底部）。此外，倘若圆珠因稍微推动而脱离静止地点，种种力量也会一起把它再度移回原本静止的位置。不过，所有均衡状态不见得都这么稳定。例如，假使我们把碗倒置并小心地让圆珠安置于顶部，圆珠虽然会停在那里，但就连微风轻拂都可能使圆珠脱离碗底，滚向远方安顿下来。寻求均衡的第二项优点是利于分析，这通常会让分析轻松许多（有时均衡在一开始并不容易找到，不过一旦找到，就很容易确认，就好像安全密码组合）。最后，侧重均衡先天上就令人感到宽慰，因为把系统设想成隶属于一种巨大精密装置的一环，随之与世界调成一种细腻平衡的状态，总好过把系统设想成某种随机而行径随意的东西。

在市场方面，经济学家抱持一种竞争性均衡的理念。这种观点很简单：市场应该在某个价格取得均衡，此时供应商希望销售的数量刚好等于需求者希望购买的数量。因此，向市场宣告此价格，商品的需求就会等于商品的可得性，而所有希望销售的供应商也都能找到希望购买的需求者，于是达到均衡。再次审视我们先前那幅供给和需求图，竞争均衡在价格为 20 美元时出现。在此价格之下，两名生产成本为 10 美元的供应商希望销售，同时两名生产成本为 30 美元的供应商并不想卖；另一方面，价值基准为 40 美元的需求者想买，其余三位价值基准为 20 美元的需求者则不置可否，不论买或不买，对他们来讲都没有差异。所以竞争均衡论预测剩下的三位需求者当中，只有一位会到市场购买商品，产生以 20 美元价格售出两件商品的均衡状况。

不过令人惊讶的是，竞争均衡当中还潜藏了一种更微妙的结果。当我们想一想各个投资人在这个均衡市场中赚取的利润总额，就会发现他们共赚取了 40 美元（高价值基准需求者支付了 20 美元，买下他评估为 40 美元价值的东西，所以赚了 20 美元，而两位供应商分别以 20 美元均衡价格各做一次买卖，每人各赚 10 美元）。有没有其他做法也可以提高利润总额？假定高价值基准需求者和一位成本30美元的销售商做买卖，于是两人创造出10美元利润（依照他们同意的价格来分享这笔利润）。两位生产成本为10美元的供应商则经手剩下的三位价值基准为20美元的需求者，因此促成其他两笔交易，各创造出10美元利润。这时，三笔交易的利润总额为30美元，比前一种方式少了10美元。事实上，我们可以证明，非竞争均衡状态所促成的交易模式，只会减少所有交易各方赚取的利润总额。

专注促成交易总利润最大化非常重要，因为假设不促使利润最大化，我们也就任凭机会流失，而没有在不伤害其他任何人的情况下，改善至少一个人的处境（假定我们的交易各方只在乎自己的个人利润）。要阐明这点，我们先假定某个市场表现效能很低而未能让总利润最大化。不论交易各方在这个低效能市场中赚取多少总利润，最后都将以某种方式均分。现在，重启市场并将总利润最大化。由于最大化的利润高于低效能市场所得利润，因此这次我们就有足够利润，除了让交易各方分得在低效能市场赚取的利润之外，还剩下一些额外利润。接着我们就可以把这笔额外利润分给一位（或不止一位）交易方，改善该收受人的处境，而且不伤害到任何人。后面这项洞见，加上各交易方都为自己着想的观点，便带领我们绕了一大圈，回到亚当·斯密所写内容：“他与其他众多事例，都同样受到一只看不见的手的引领，尽力达成一个并非本意想要达成的目标。”

复杂系统市场观点有别于上述说法。回想一下，让市场取得均衡的第一步是宣布竞争均衡价格，然后再让一切步入轨道。不过，价格从何而来？市场是由个别供应商和需求者共同组成，每一位都只知道自己的销售成本或购买价值基准。在这种情况下，竞争均衡价格又如何能够出现？复杂系统观点的早期倡导者弗里德里希·哈耶克（Friedrich Hayek）在1945年就曾这样阐明其论点：

> 问题的解决之道并不在于我们是否能传达所有信息，而是当只有单独一个心智（我们经常假定这个心智来自正投入观察的经济学家）知道这些信息时，是否就能得出唯一的解。我们必须告诉大家的是，一个解是如何经由只拥有局部知识的个体之相互作用而产生的。当我们假设所有知识都由单独一个心智所给定，这种做法就等于假设知识都由经济学家给定，因此问题就好似凭空消失了，真实世界里重要且影响深远的所有事项也随之被抛在脑后。

哈耶克的挑战乍看似乎毫无指望，其实也许不然，因为我们说不定能够建构出某种市场机制——例如，某位拍卖商能在大众面前宣布潜在价格，探知每种价格各有多少供应商和需求者希望交易，经过一番冗长乏味的探知后，他能得出竞争均衡价格。当然，真实世界中没有这样的拍卖商。现实生活中的拍卖机构大多会是纽约证券交易所的专员，或芝加哥期货交易所买卖大厅身着色彩鲜亮的夹克、相互呼喊和比划的交易员。

不幸的是，要想出如何让市场价格浮现的扎实理论，则困难至极。复杂均衡理论先天上虽然很令人信服，因为当供给和需求出现任何不均衡时，就会推动价格以符合交易所需，但我们依然很难想象，真实世界中这类力量实际上是如何被左右的。

我们能不能从头打造出另一套复杂系统市场理论？也就是说，我们能不能针对交易做几个简单假设，然后据此来推演出总体交易与价格模式是如何出现的？

我的同事米歇尔·塔密内洛（Michele Tumminello）和我采取了这个途径，深入探究一个集市简单交易场所。这处集市的各交易方摩肩接踵、四处游走。双方相逢时卖方任意喊价，唯一条件是，对方接受的出价并不会使卖方因此亏本。此处，我们先把概念简化，假定两位投资人巧遇，有机会完成双方都有利可图的交易，他们的交易价格将落在供应商成本和需求者价值基准的中间点。倘若双方谈不拢，他们就继续四处游走，试着遇见另一位可能的交易伙伴。

沿用前面讨论的同一组供应商和需求者，这样的集市可能出现两种交易组合。第一种和竞争均衡状态所产生的结果息息相关，该价值基准为 40 美元的需求者和一位生产成本为 10 美元的供应商（以 25 美元价格）进行交易，还有一位价值基准为 20 美元的需求者与另一位生产成本为 10 美元的供应商（以 15 美元价格）进行交易。请注意，尽管两位交易者正是在竞争均衡状况下完成买卖的，但价格却已经不同，因为竞争均衡预测的两笔交易价格都是 20 美元，而这里的预测价格却分别为 25 美元和 15 美元。

另一种交易组合则是：假定那位价值基准为 40 美元的需求者起初遇上一位生产成本为 30 美元的供应商。此时他们会议定以生产成本为 35 美元的价格进行交易，而唯一能促使双方谈妥交易的配对，就只剩价值基准为 20 美元的需求者和生产成本为 10 美元的供应商组合，所以我们预测最终会以 15 美元的价格完成两笔交易（因为虽有三名需求者，但只有两位供应商）。倘若以此情节开展，我们就会见到三笔交易，一笔价格是 35 美元，另外两笔则是 15 美元。这种组合迥异于我们在竞争均衡状态下所作的预测，而且从总利润角度来看，此状态的成效很低，因为此时交易各方赚取的总利润只有 30 美元，低于竞争性均衡状态下所赚取的 40 美元。所以这套系统整体损失了原本可以用来改善起码一个人处境的 10 美元额外利润。

尽管有点繁冗（尤其对没有动用计算机的大系统而言），我们仍能算出集市出现这两种组合的概率。当中约有 1/3 次（精确地说是 8/25），我们可以得出与竞争均衡结果有关的组合，另一种组合的出现次数则约占了 2/3（精确地说是 17/25）。

所以，依照集市模型我们约有 1/3 的机会，最后产生与竞争均衡状态下相仿的交易，不过价格会略有不同。其余 2/3 则可能有非常不同的结果，其中一笔交易价格是 35 美元，另两笔则为 15 美元。就这两个世界而言，交易各方都只为求自己的利益，所产生的结果也全非出自任何人的本意。也就是说，一组价格和一个交易模式，结果产生某种涉及整个社会的总体收益。

两个模型，我们应该相信哪个？这的确是个难题。如果我们观察实验市场（和前述市场相仿，但交易方数量增加许多）所得的资料（参见图 2.6）时，我们会在资料里看到一些峰值，而且和我们根据集市模型所预测的中间点数值相符，但与竞争均衡预测的统一价格不符。当然，任何行为模式都有容错空间，因此可以预见出现不全然相符的价格。然而，这些不完全相符的价格，是比较接近竞争均衡模型浮现的价格，还是比较贴近集市模型产生的价格？仔细看看这些资料，便可知集市模型不能随便一笔带过。

比较相同现象的不同观点，往往能深入了解一个系统。从多方角度来看，竞争均衡和集市模型能彼此互补，加深我们对市场的理解。当然，传统学术范式一般都固守某些特定观点，而各个领域变更观点的能力不同。例如，物理学领域比较能解释资料的简单模型；而经济学领域想要更清楚地解释资料的新途径，则可能需要漫长的时间才能为人接受。经济学家历来对实验资料置若罔闻，直到相当晚近才开始正视，但仍然大多奉守以最优化

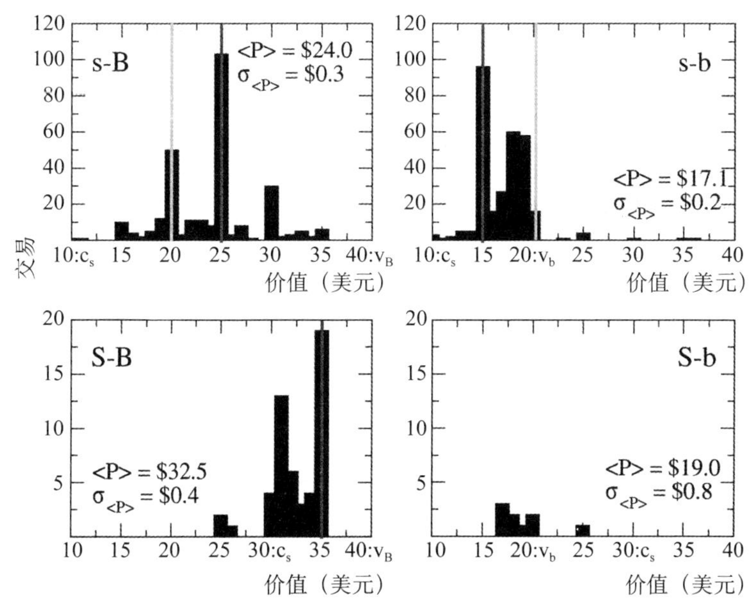

注：每处市场都有许多受试情境，其中需求者的价值基准为20美元和40美元，而且卖方生产成本为10美元和30美元。各图分别呈现各组买卖方交易价格的分布情形，各组买卖方的价值如图中所示（s代表成本为10美元的卖方，S代表成本为30美元的卖方，b代表价值基准为20美元的买方，而B则代表价值基准为40美元的买方）。竞争均衡预测所有交易都会以20美元价格完成（在交易预测分布图中以浅色垂线标示），而且每笔交易最根本的买方价值和卖方成本也完全不会影响观察价格分布。集市模型预测交易价格落在买方价值和卖方成本之间的中间价位（在交易预测分布图中以黑色垂线标示）上。

图2.6　某些实验市场出现的价格

和均衡为本的模型范式。最后，我们仍须遵循肯尼思·博尔丁（Kenneth Boulding）的第一定律，也就是“任何存在的都可能是真的”（Anything that exists is possible）——这是经常被人忽视但相当有用的见识。

究竟是竞争均衡还是集市模型才能正确描述这个世界，目前尚无定论。如图 2.6 所示，天真的投资人形成的实验市场似乎具备了集市特色，而比较不带有缜密安排的特性。如果交易各方日复一日地在同一个交易市场，我们或有可能更认同竞争均衡模型，或者当我们加入额外的一些交易规则，例如，报价、还价都必须清楚张贴，并且任何人都可以参与买卖，这样的额外条件就有可能促使市场产生更偏向朝竞争均衡的预测发展。

无论如何，两种模型都很有趣，因为它们都拥抱复杂系统的基本理念：个体间相互作用可能酝酿出整体结果（在此就是价格和交易的模式），而且全非出自任何人的本意。

一百多年来，经济学家一直依赖竞争均衡模型预测市场的表现，并据此制订政策。竞争均衡模型和供需工具是科学真正的胜利成果。让我们再次考虑当分析市场时要面对的基本问题。一群只知道自己的价值和成本的潜在投资人，聚在一起尝试相互交易，进行利己的买卖。这些潜在的投资人，有些感到烦闷、疲累，有些则精神振奋、心思敏锐，他们随机凑在一起，一路听取同行投资人的喊叫和喃喃自语，搜集片段信息，并尝试谈妥有利可图的买卖。有某些投资人或擅长精打细算，以手头有限的信息推导出最好的交易规则，也有些人做生意比较任性、毫无章法。

秩序从这样的混沌中萌发，产生一连串的交易和价格。竞争均衡理念是这种秩序下的极端版本之一，嘈杂的呼喊促成了一个足以平衡所有交易需求的单一价格，而卖方则提供了足够的商品，数量足以满足买方的需求，这样的交易可以让市场总利润最大化。模型中的交易，即便只去除任何一笔，都会给社会带来损失。

另一种秩序是集市的秩序。这个世界不理会市场会出现什么独特、整体的竞争均衡价格，我们接受投资人的混乱的阴谋。潜在买方随机遇上潜在卖方，也似乎随机地出价、还价。当出价能促成相互有利的交易时，就会被接受，而交易双方也就离开市场。再说一次，这种市场所出现的可预测（不过此处的确定性较低）的价格和交易，肯定比竞争均衡的方式更为混乱。两种途径的表现和效用，才刚开始经受正式的检测。

局部交互作用能产生料想不到的整体模式，这是一种十分可观的力量。不论这些局部交互作用是在海螺外壳产生漂亮的设计，还是构成一组能最大化社会红利的价格和交易，都从如此简单的开端，产生了美妙的形式。

第三章

从“闪电崩盘”到经济崩解：反馈机制

这起全国性事件就算称不上泡沫，也显然是一种不能永续发展下去的模式。

——艾伦·格林斯潘（Alan Greenspan）

2010年5月6日，美国东部时间下午2点32分，一连串的事件就此展开，证券市场出现大骚乱并持续了半个小时。起先几分钟，美国股市指数直落5%—6%（参见图3.1）。到了下午2点45分，市场暂停交易5秒钟，股市指数奇迹反弹。然而，这场指数海啸依然开始席卷整个股市。超过300只股票的交易价格偏离了原先价值的60%以上。

随着部分股票流通性枯竭，市场也跟着瓦解，原本被看好的公司的股票价格，也在极端状态时开始剧烈振荡，原本价值40美元的埃森哲（Accenture）只以1美分抛售，苹果公司的股价也很快从250美元涨到10万美元。到了下午3点，海啸退却，市场也开始恢复正常。

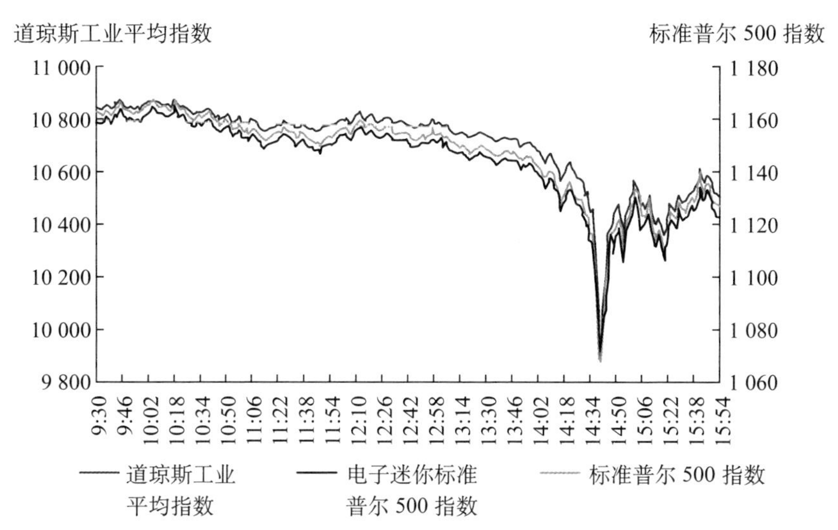

注：包括道琼斯工业平均指数（Dow Jones Industrial Average，DJIA，左侧纵轴）和标准普尔 500 指数（Standard and Poor’s 500 Index，S&P 500 Index，右侧纵轴）。

资料来源：美国证券交易委员会。

图 3.1 2010 年 5 月 6 日美国主要市场指数表现

这场骚乱的起因为何？新闻有没有报道哪起剧变事件，像是大战爆发或重要国家元首遇刺，还是哪个欧洲国家突然拖欠债务，或是美国本土遭恐怖分子攻击或交易系统遭网络攻击？然而，骚乱的缘由远比上述这些更平凡，也更令人忧心。

直接起因似乎来自一家资金管理公司名下的一连串交易，该公司设在堪萨斯州肖尼邮政区（Shawnee Mission），地址是个邮政信箱。其使用一套计算机化交易程序销售有价证券，并借助一套算法决定交易行为，而且只参照市场当前交易量，却不采用证券价格等比较明显的因子。尽管在事后回顾，我们很容易看出这样的程序如何在市场水域激起一阵涟漪，不过更令人忧心的是，复杂金融系统中日渐增长的相互关联和相互作用，如何纵容这阵涟漪加剧，使之化为力量雄厚的海啸，而且短短半小时便横扫金融海岸并酿成祸患。

2010年9月，美国商品期货交易委员会（US Commodity Futures Trading Commission）和美国证券交易委员会提出一篇共同报告，论述名副其实的“闪电崩盘”，报告标题为“2010年5月6日市场事件的相关发现”（Findings Regarding the Market Events of May 6，2010），以下所述许多市场细节都引自此文献。此报告针对当天发生的事件，提出了一份详细的经济剖析，对喜欢细究原委的人士而言，这是一部相当优秀的读物（也能很方便地下载）。就像所有优秀的剖析报告一样，该报告在枯燥的描述和严谨分析当中，还包括出色的故事，诉说死亡如何降临。然而，真正的隐情却没有被纳入讨论内容，也就是：谁的错？我们能预防吗？

在2010年5月6日一开始，金融市场就陷入一片惊惶。欧洲债务危机成为政治界和经济界最重大的话题，特别是希腊有可能拖欠债务。关于预期股市波动性、债务保险费用、欧元汇率、黄金和国库证券之类安全证券的价格等各种市场指数的变动，一再反映这些状况所带来的不安气氛。这些变化很可能把市场推向一种临界状态（我们将在第十一章探讨），这时一件小事就很有可能激起阵阵波涛，触发更大规模的连锁反应。

这场海啸的开端根本就是无心之举。一家管理共同基金的公司为手中现有股票安排避险，以应对美国股市的未来变动。这是很常见的做法，想必是公司希望预先做好美国股市可能衰退的准备，以确保近期获利。该公司也为了避险打算把当年6月到期的7.5万张电子迷你（E-mini）期货合约卖掉。迷你期货是种衍生性证券，也就是该产品价值和其他事项绑在一起——此时，它每一张价值都是标准普尔指数（代表美国所有上市股票市场约七成资本）的50倍。倘若标准普尔指数的价值为1 000美元，每张迷你期货就值5万美元。7.5万张期货大约相当于2010年日均交易量的3.4%，当时价格总值约为41亿美元。一次想卖出7.5万张期货的单一机构并不常见，不过在这之前的12个月里，也曾有几次规模差不多或更大的交易。

然而，这样的交易并非完全没有风险。一口气卖出这么多股数的问题在于，一旦处理不当，就很有可能导致股价暴跌。当我们一口气把大量股票抛到市场上，倘若市场具流通性，刚开始可能会有一些买主大致以现行价格购买股票。这批买主在需求得到满足之后便会离开市场，于是你的股份就开始流向交易所“订单簿”中的先前标购人。当你的股份满足了这批先前标购人的最高价者，剩余股份就会根据出价高低流向其他人，依此类推。随着你的托售单一路顺利地被蚕食，出价也持续下降，这时新进入市场的潜在买主见此情况便比较不会积极出价，当他们期望以低价购入时，就又更进一步压低股价。无论如何，任何大笔销售往往都会压低整体价格，在订单簿的微动态现象中，我们可见在市场上一口气抛售股份所造成的是短期大规模的冲击，卖方的整体售价因此低于慢慢出售股份的价格。

所以，为了得到最优价格，卖方必须在获得大规模订单时审慎管理交易批次，慢慢向市场释出股份。新买主便能在托售期间找到进入市场的途径，慢慢填补订单簿，卖方也才能为整笔交易争取到更好的整体股价。

自动化交易算法是大笔交易的管理方式之一，它能合理地执行订单销售程序。这种交易算法应该能追踪市场关键信息，如当前交易量、价格和交易时间。计算机便能根据这些资料释出股份，以达成最佳买卖，如同抓对时机将全部批次转移成所得。

酿成“闪电崩盘”大祸的公司就是使用这种算法。当然，魔鬼藏在细节里，这起事件也确实有个魔鬼深藏其中。该公司的算法有条简单的规则：把订单送进市场，此时订单销售额须小于前一分钟整体交易量的9%。注意，这套算法忽略了交易价格。话虽如此，某种程度来说这也不是完全荒谬的算法，因为交易量在一般状况下是市场流通性的良好指标，而这点又与稳定的价格息息相关。理论上，倘若你持续占有市场的小比例（这里是小于

9%），而市场以"正常"方式运作，这套算法就应该能使市场产生稳定且合理的价格。这可以说是免费搭上了市场交易量信息的便车，利用它取得合理价格。这种做法可完全不必担心什么时候该进行交易。

不幸的是，晚近的交易模式出现了两项变革，让这种以交易量为判断基准的代理工作变得相当危险。首先，出现了和多种市场交互相连的衍生性证券。电子迷你期货合约就是与标准普尔500指数有关系的商品。此外，部分稍有不同的衍生性商品也与此指数密切相关，例如标准普尔存托凭证［S&P Depositary Receipts，简称"标普存托凭证"（SPDRs）或"蜘蛛"（Spiders），股票交易代号为SPY］。倘若当中某个衍生性商品与其他商品的价格落差很大，这就是一个锁住利润的套利机会。不论基本价格有什么变化，这时都可以卖出较贵的证券，并买进较便宜的证券，借此补偿先前买卖结果。另一种套利机会则连接了衍生性商品市场和其他市场：由于衍生性商品的价格和（构成指数的）个别股票批次捆绑在一起，每当这个股票批次的价格和关联衍生性商品的价格出现差异，就可以借由售出（或买进）标的批次股票，补偿买（卖）而赚取利润。

由于市场出现第二项重大变革，又让上述第二种套利机会变得更容易掌握。第二项重大变革就是技术能力的提升，从众多有价证券和各种市场取得交易状况等相关信息，计算潜在机会，到执行必要交易等的能力，这些都可以在眨眼的瞬间完成。这项交易革命肇因于计算机的问世。因此，今日众多事情的发生速率都远快于眨眼时间（眨眼动作有点迟缓，得花350毫秒，此时电子已经可以移动超过6.5万英里）。

几个密切相关的市场加上快速交易，上述条件成就了一种十年之前无从预见的新复杂系统。一个市场里的一笔交易会在其他市场引起响应，同时引发各种不同的现象，这也使人们逐步修正系统。当然，修正措施本身也会引起响应。如果各种无心之举所形成的联结与其所涌现的反馈回路是反向的，共鸣就会慢慢消失，随着价格重新彼此调校一致，市场机制也会因为这段经历变得更健全。然而，倘若反馈回路是正向的，响应就会放大，产生类似麦克风太靠近扬声器时发出的恐怖啸叫声。

过去几年，市场上出现了一种新的交易公司：高频交易商（high-frequency trader，HFT）。这些公司全心拥抱信息时代，发明了能监视市场的演算式交易程序，并在短得出奇的时间内执行一切有利的交易。在这类交易中，如何抢先把买卖信息传递给交易所就变得至关重要，因此，设置计算机硬件的实际地点等因素也会带来影响——电子每纳秒移动1英尺，因此每靠近交易所机器1英尺，都能胜过竞争者1纳秒。

高频交易商在今日造就了相当庞大的交易量。大体而言，那些公司并不喜欢同时持有太多股份。尽管它们可能大量购入，但同时也会大量卖出，所以当一天结束之时（尽管以全球市场互通的现况，其实并没有所谓结束），它们手中任何一种证券的净持有量都很低。

高频交易商的出现，必定使市场动态随之改变。20世纪80年代晚期，圣塔菲研究所的同事理查德·帕尔默（Richard Palmer）、约翰·拉斯特（John Rust）和我共同设计出双向拍卖锦标赛（Double Auction Tournament）的机制，用以检验某些市场的核心理念。学术界、专业交易商和感兴趣的业余人士，都曾通过网络测试他们的交易策略（就我们所知，这是第一套基于互联网的拍卖体系），接着提供最后版本给我们分析。

我们的兴趣之一是，这兼具机器和人类思维的混合交易市场会引发什么现象？我们先让市场单独运作，而且不对人类和机器的固有速度差异作任何补偿，结果，一开市就先出现一波机器下单交易，随后人类才有能力作出反应。此后，机器就不动声色地旁观人类彼此交易，当人类作出糟糕的出价时才再次启动，每当遇上这种状况，就会出现一台机器跳进市场，偷走那笔买卖。

我们眼前这种市场系统（人类交易员加上高频交易员）的举止，说不定可比拟为一种混合的双向拍卖锦标赛。高频交易商独有的速度优势就在于它触动了一阵阵的机器交易，居间的是比较安静的时段，这时机器仍然居于幕后，只要人类一犯错就能占点便宜。当我们消除了机器的速度优势后，人类和机器就能轻易地和平共处，单从资料来看也很难区辨谁是谁，唯一的例外是，人类下单的最后一个位数往往是0或5，而机器就不那么受到局限。

回到2010年5月那个命中注定的一天，下午2点32分，我们的交易员见到荧幕上头看似很无害的提示句“你是否想执行这些交易?”时，想必他也作出了反应，按下“同意”键后，一块石头便投进了市场池塘，激起一阵小小的涟漪。刚开始市场还有能力吸收交易量，这时高频交易商和其他代理人会买下新释出的合约。随后10分钟，高频交易商累积了相当数量的合约，并开始卖出一些合约以均衡手中持有的头寸。这就是一场高风险的烫手山芋游戏，高频交易商开始相互买入、卖出，偶尔才丢出一部分，流入其他市场参与者手中。

自动化交易算法的致命瑕疵就在这时显现。烫手山芋游戏开始激发出很高的市场成交量，在非常短暂的时间内就转手超过10万股。算法只注意成交量，对于其他一切都视若无睹，误以为活动变得频繁是市场流通的迹象，因此价格也是稳定的，于是它罔顾原本就动荡的态势，开始把更多股份抛进市场。形势因此变得更不安定，同时，迷你股票所蕴含的真正流通性都枯竭，价格也开始暴跌。“同意”键按下过后的13分钟，市场靠算法卖出了3.5万张，剩下4万张在接下来短短7分钟内全数卖光。起初那7.5万张在不到20分钟内销售一空。若是使用过去比较正规的算法，可能得花上6个小时才能处理相等规模的交易量。难怪初始交易

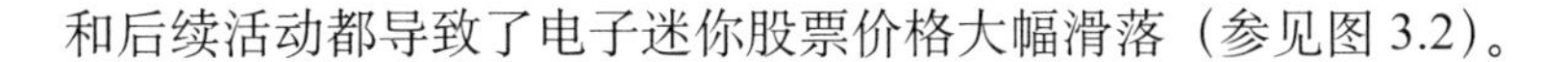

和后续活动都导致了电子迷你股票价格大幅滑落（参见图 3.2）。

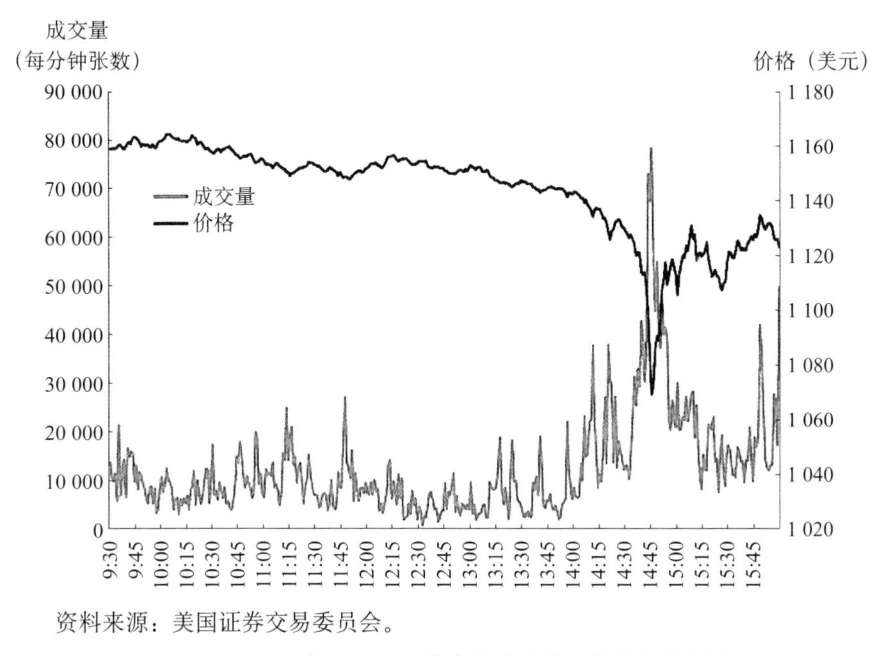

资料来源：美国证券交易委员会。

图 3.2　2010 年 5 月 6 日的电子迷你股票价格和成交量

不过，下午 2 点 45 分 28 秒一项自动化机制启动了，使交易暂停了 5 秒钟，这很可能防止了一场更惨烈的灾难。这是交易所特意安排的管控机制，设计目的是辨识市场状况，找出什么时候交易会使价格不自然地大幅动荡。听起来根本不值一提的短暂 5 秒钟，在以纳秒宰制的时代中却相当于永恒。5 秒钟长得足以让其他交易单位进入市场，让一切重上轨道，恢复常态。接下来的 23 分钟，比较关注基本盘的买家开始涌入市场，于是价格反弹。

迷你股票市场恶劣行径的直接起因可能和交易算法的瑕疵密

切相关。把交易数量和单独一个成交量连接起来时，算法也在无意间嵌入了一个正反馈回路：倘若初始交易让成交量大幅提升，算法就会做出更多交易，这也会进一步提升成交量。假设没有高频交易商，那天的交易算法或许就不会诱发充分的额外交易而触动正反馈回路。然而，由于交易速度很快，加上高频交易商想保持相对中立的位置，新的市场动态因此形成，这也使正反馈回路影响了系统。

倘若这只是一段迷你股票市场的故事，那么我们可以把它当成一段有关算法的傲慢（其实是人类的傲慢）、意外后果的危险以及正反馈的寓言。然而，故事还没有结束。

由于现今市场紧密相连，电子迷你股票市场发生的事情并不会就此结束。随着迷你股票的价值下滑，投资人开始往别处寻找套利机会——这次事件中，他们不是买进标普存托凭证的股票，就是买下构成股票指数的部分。就在迷你股票的价格受到正反馈回路驱动而快速下滑的同时，标普存托凭证和构成该指数的股票价格则相对下滑较慢。这样的状态又形成了新的获利机会，投资人可以购进相对便宜的迷你股票，并出售手上较昂贵的对等证券，如标普存托凭证或标的批次股票。

若市场系统运作顺畅，迷你股票所创造的套利机会通常会在价格动荡下缩减。套利人谋取利益的活动会提高迷你股票的价格，压低标普存托凭证或搭售价格，于是价格就会重趋一致，套利机会也将因此消弭。不幸的是，由于先前的混乱，加上正反馈回路，市场没办法快速地重趋一致，套利机会就不会慢慢消失。其他市场将会有交易压力，而一同开始蚕食各自的订单簿。此外，新出现的混乱让许多潜在市场投资人感到紧张，因为眼前价格大幅动荡，但是进一步审视资料流——这时由于交易大量涌入而开始动荡——却完全找不到合理的解释。这就促使投资人查核资料完整性，同时暂停交易。部分公司则选择完全撤离市场，因为它们的自动化系统会不断监控公司的持股状态，也评估出暴露风险已经超过预设底线，便中止该公司的交易作业。最后，某些见识到整场诡异事件的人类公司员工完全丧胆（或表现得明智），把他们下的单子全部从市场撤回。

随着做市商的撤离，订单簿也开始清空，只留下长期订单，甚至在极端情况下，还出现一些价格荒谬的“无成交意向”自动订单，目的在于确保始终有某人愿意买卖任意股券。随着时间的推移，实际发生的买卖与成交价格也愈来愈极端。超过 300 只股票所经历的价格变动幅度高达六成（共有超过 2 万笔交易，相当于 550 万股，都在这种极端状况下执行）。甚至部分证券是以无成交意向的价格成交，有些股份的成交价为 1 美分，也有一些是 10 万美元。

2010 年 5 月 6 日事件的后续发展带来了重大影响。就短期而言，情况逐渐明朗。但仍然完全称不上买卖方乐见的“公平有序的”市场，而所进行的交易也完全偏离乱象之前的通行价格，于是交易所打断这些交易，理由是它们那“显然不切实际的价格”，而且在险峻市场情况下也“明显有误”。交易所向来都有权力打断这类交易（请详细阅读图 3.1 的注），但是判定“明显有误”的实际机制却没有很好地定义清楚，才使这次事件促成了这方面的改革。第二项重大变革是更改了种种熔断的安排。个别市场通常都设有中止交易的机制，而且遇上意外状况时，只要非常短暂的中断，就可以让市场迅速回稳，恢复秩序。不幸的是，就算设置了熔断机制，倘若某证券数度中止交易，也可能使做市商因失去流通性而收回股份，还可能因此出现意想不到的惨烈后果。另外，基于整体联结性以及同一证券能在众多市场流通的现况，即便一处市场中止交易，遭撤销的交易也有可能转移到其他市场，绕开原来的安全开关，同时使问题日益恶化。

有个重要领域迄今仍未改革，即对高频交易商设限。例如，设法去抑制高频交易商所诱发的反馈回路，实际做法包括课征交易税，或重新设计市场机制让纳秒级的交易速度慢下来。

就算采取了前述补救措施，依然不能解决“闪电崩盘”的基本问题：我们在无意间创造了一个我们并不了解也控制不了的复杂金融系统。为了更多效益，我们在系统的各个创造阶段增加了额外的复杂性：把市场彼此联结在一起，可以确保迅速消除价差；有了高频交易商更可以确保任何买卖都能随时找到交易伙件；使用衍生性商品可以为农夫提供一种规避糟糕天气风险的手法，同时为他们的退休基金提供投资组合保障，以此类推。尽管每个部分单独看来都很合理，整体而言却不见得如此。

我们在前文已经看到还原论并不必然包含建构主义。所以尽管对于这个系统的任意单一部分的动机和认识或许都很妥当，但却不该因此以为掌握了整体行为。“闪电崩盘”的发生并不是设计使然，而是通过涌现才得以发生。

“闪电崩盘”是个令人吃惊的温和警告，提醒我们必须留心什么。那 30 分钟内所发生的事件确实惹人注目，但仍有挽回余地。仔细剖析戏剧性事件很有用，但我们还是得站稳立场，才能在第一时间防范危机降临。不幸的是，“闪电崩盘”告诉我们，不论回溯研究做得多好，我们的前瞻性知识都还很薄弱。今日的我们甚至还没办法初步掌握自己所建构的金融系统当中的内涵。

尽管“闪电崩盘”是贪婪造成的，但当中牵涉的是无知，而非恶意。如果其中还涉及了一些恶意并多了一点事先规划，想想将会带来什么样的混乱和长期祸患？例如，一个恐怖组织或流氓国家，想要渗透构成我们市场基础的计算机或人类系统，接着恣意肆虐，以致酿成规模更大且更长远的浩劫，这又会有多困难？这大概不是什么难事。攻击网络基础设施似乎也可能办到，如破坏交易所或众多分散式交易作业站的实体系统，或者某种程度上瓦解或改动指示与交易间的通信。这类攻击已有先例，例如牵制了伊朗铀浓缩能力的超级计算机病毒。同样，与金融机构相关联的人类制度也很容易受到侵害。曾有光凭单独一位投资人的举动就瓦解了整个机构的例子。像是有233年历史的巴林银行（Barings Bank）便在1995年倒闭。把一个或多个具有充分的交易柜台使用权限的投资人带进系统，要发动一起精心设计的恶意攻击并非不可能。另一种更富企图心的方式或许就是设置明显合法的基金或高频交易商运作，并因此不受拘束地享有特权。或者觉得这太麻烦了，还有众多合法交易商都能参与的大量同步买卖。此类攻击会造成什么样的冲击难以预料，但至少会严重侵蚀市场信心，影响也更为深远，会波及所有市场，并造成局部崩溃。

不幸的是，“闪电崩盘”的故事也不全然是仅有的一个。事实上，2008年波及全球的金融崩溃，其表象之下也潜藏了相同的隐伏暗流。

2008年金融崩溃的内核，暗藏了网罗所有七宗罪的经济危机。贪婪的固定收益资产买家，很乐意买进新成立的债务担保证券，以期略微提高收益率。不知节制的买房人，期望房价逐渐上涨之后就能再融资，导致房贷的支付额度高涨，远超人们现有的财力。贪婪的房贷经纪人，只要有办法把房贷债权转售出去，就连存有疑虑的物件也照单全收，而接手公司则以房贷债权为主要商品，并迅速低价售出，于是任何购屋人只要申请房贷，几乎没有不符合资质的。其他公司望之眼红，也希望拉高账本底线（账目盈亏的结算线），于是开始进行杠杆操作，同时向顾客销售可疑的衍生性商品。怠惰的评级机构，听凭公司的说法，依靠过时的统计模型，给予新证券商品高得荒唐的评级，并伸手收取佣金。高傲的政府机构，一边品尝着住宅自有率提高的滋味，一边放任不受管制的市场。复杂经济系统遭受怠慢，它的怨忿比地狱怒火更可怕。

前文的重点并不是想讲述现代版的道德故事，而是要强调，涉及系统各层级的实体其实都遵循完全可以理解的——即便有可能不是那么良善的——诱因来行动。所以，经济学家和政策制订者的确完全有能力了解系统的每个部分。不幸的是，正如我们之前所看到的，只了解系统的组成部分就以为自己了解整体系统，是一种太常犯下的过错。

我们从“闪电崩盘”的例子中可以得知，正反馈机制会把小事放大，房市便充斥着正反馈的情形。倘若房贷变得容易申请，买房的需求就会提高，于是房价随之增长。这样的高昂房价让贷方更乐意批准房贷，因为提高房价就能确保房贷担保品的价值也足够，并降低了融资风险。

美国房市的正反馈往往会强化系统的所有组成部分。高房价会培育更多买主，而低借贷标准产生低风险的衍生性商品与宽松的政策，每项因素还会相互反馈强化。因此，系统在攀行上坡时遇到的种种力量，也同样使它在下降过程中加速了系统崩溃。不幸的是，此时的情况与“闪电崩盘”并不相同，金融崩溃发生期间几乎没有熔断等类似机制。

系统各部分的联结和相互作用会带来至关重要的影响。想象和金融崩溃有关联的关键市场就像山脊上一座座容易引发闪电的林场。那里不时会遭受雷击，倘若某棵树遭闪电击中，便很有可能引发火灾。当我们希望尽量提高木材砍伐量时，就必须在“密集植树以收获更多木材”与“在林间保持空地以防范森林火灾”之间权衡取舍。最优抉择取决于好几项根本因素，例如雷击的频率和林木生长率，至于能否做出最好的抉择，就要看山脊林场业主的决定。倘若山脊是一人单独拥有，业主最好能划设几条防火带，如此一来，星星之火就不会燎原，烧光整片山脊。不幸的是，倘若林地的潜在植树位置分别隶属于不同业主，人人各自为己牟利，林地就不大可能出现防火带。此时，尽管防火带对每个人都有利，但不会有人希望防火带出现在自家林地上。这种情况用经济学的说法便是防火带供给不足，相较于协调状况比较好的体系而言，只要林木失火，造成的损失会大幅增加，随之而来的采伐收获也大幅减少。

这次金融危机的起点是房贷。没有任何实体投资人会想放弃任何可能的交易，失去眼前的利润。所以当一家银行发现，持有另一家银行所发行的证券有利可图时，即便这个证券商品是另一家银行从其他银行买来的，它也仍会购买。依此类推，当那端遥远的银行出了毛病，也可能导致有信用保证的整个系统全面解体。同样，一家公司有可能甘冒违约风险，同时买卖贷款违约保单（称为“信用违约交换”），自以为手上持有的部分很安全，因为任何一张保单的损失都可以由另一张保单的收益补偿。然而，一旦有一家公司违约，无法履行支付义务，想想美国国际集团（American International Group，AIG）当年的处境，如此一来便可能导致系统全面解体。个别来看，此情况和其他无数情境都很合理，但整体来看却是以毫无道理的联结布局。没有精心谋划的防火带，系统就要面临小事酿成惨重灾难的高度风险。

从 2008 年金融崩溃和“闪电崩盘”，我们都看到了一度活力充沛、欣欣向荣的系统在一夕之间沉寂。种种不同的复杂系统都会发生这样的转折。例如，有一个身体各部位能彼此交互作用的健壮生物，假如我们精心为其安排了一场休克，这个一度强健的生物便被推向了死亡状态，身体的所有部位也都不再能相互作用。不幸的是，这个死亡状态同样也很稳健。

预期是一种往往能促使社会系统保持运作的行为，市场更是如此。预期能促成自我应验（self-fulfilling prophecies），好坏皆然。所以，当“闪电崩盘”造成流通性枯竭时，就可能改变投资人的预期，情况可能严重到他们认为自己不再能找到合理的交易伙伴，于是开始抽回订单，并且自我应验了他们的预期，进一步加剧流通性危机。一旦房市的泡沫开始破裂，房价的螺旋式下降就会改变借贷方的预期，他们就会变得异常谨慎，非得有价值极高的抵押品，才肯批准新的房贷（或再融资旧房贷）项目，导致房价下跌，并增强了新的预期。在这两种情形中，关乎预期的反馈回路也让情况更为糟糕。

当涌现对我们有利时，亚当·斯密的“看不见的手”就是个奇妙的现象。倘若涌现只会导致好的结果，世界会变得快乐许多，尽管也不再那么耐人寻味。但是，我们也见过涌现的黑暗面，看似无伤大雅的事件触发了连锁效应，酿成了不幸的灾难。复杂系统（不论有意或无心）在我们的世界中扮演着愈来愈重要的角色。虽然我们大概永远无法完全掌控系统，但说不定能明智地导入防火带，好比金融市场使用的熔断机制，设法纾缓复杂系统内部的负面结果。我们对如何创建这种控制的理解远远落后于实际需求，必须迅速发展这门知识，才不会一再发生“少了钉子，失了王国”的憾事。

第四章

从一到众多：异质性

至尊戒，驭众戒；至尊戒，寻众戒，

魔戒至尊引众戒；禁锢众戒黑暗中。

——约翰·托尔金（J.R.R.Tolkien，1892—1973）：

《魔戒再现》（*The Fellowship of the Ring*）

经济学家都喜爱“代表性因子”，这是可以大幅简化数学运算的常规理论做法。代表性因子背后的理念是：别担心经济体系里的所有消费者，我们可以用一个消费者来代表所有人——就仿佛是“至尊戒，驭众戒”。显然这种假设能大幅简化最后的模型，因为一一追踪消费者十分困难，而代表性因子替代了众多各自性格多变的消费者。事实上，理论经济学家和政策制订者经常在对这种足以影响数亿人生活的模型作评估时用上这种伎俩。只要能妥当地求出个体行为的平均数，这似乎就是一个明智的选择。

我们能不能以代表性因子建构复杂系统模型？这个问题其实问的是“异质性”重不重要？倘若不重要，那么就假设具有代表性因子的行为主体的平均行为能够满足：不论是以一群行为人建模而成的系统，还是只含单一代表性因子的系统，它们表现出的行为都是相同的。倘若异质性很重要，那么我们就需要一种新的途径来认识、预测和控制我们的世界。

简·雅各布斯（Jane Jacobs）在她出色的《城市与国家财富》（*Cities and the Wealth of Nations*）一书中劝诫经济学家从这里寻求解答：

> 我们都觉得粒子物理学家和太空探险家的实验格外昂贵，其实也没错。不过比起银行、产业界、政府以及世界银行、国际货币基金组织和联合国等国际机构，为检验总体经济学理论所投入的惊人庞大资源，这样的成本根本微不足道。从来没有哪门科学或大家所认定的科学，曾经受到这样的纵情溺爱。也从来没有哪些实验，留下了更多破败残骸、不快的意外、破灭的希望和混乱的局面，严重到了大家开始认真询问残骸能不能修复；倘若能修复，肯定不能再沿用同一套手法。失败能帮助我们了解，我们有没有注意到它们显现的事实。不过，观察事实，我说得婉转一点，向来不是经济发展理论的强项。

蜂巢中，蜂后产下的每一枚卵都会经历精妙的发育历程，从卵、幼虫到蛹，当新生的蜜蜂在巢室现身时，已经是完全成形的成蜂。想要成功完成这个程序，蜂巢内部就必须保持在一个很狭窄的温度范围（约摄氏 34.5 度左右）内。然而，蜂巢外部气温高低迥异，蜜蜂该如何保持巢内温度？

结果，工蜂表现出两种与控温相关的行为。当工蜂觉得太冷时，它就会和其他蜜蜂聚在一起生热。若是太热，它就会离开其他蜜蜂，扇动它的翅膀形成气流，让周围环境变得凉爽（参见图 4.1）。

注：工蜂在蜂巢入口处分散开来，扇动它们的翅膀，以产生气流让蜂巢保持凉爽。这种行为由一种经遗传决定的设定点激活。

资料来源：照片由雅各布·彼得斯（Jacob Peters）提供。

图 4.1　工蜂为蜂巢降温

蜂巢内部温度取决于工蜂的举止。然而，蜂巢没有中央指挥中心，所有事情都经由个体蜜蜂的决定和举止完成。结果发现，个体蜜蜂与温度相关的行为得自一种由遗传决定的设定点。当温度大幅高于或低于设定点时，蜜蜂就会采取行动。

温度控制似乎就是一个族群能从同质性获益的例子——大自然也会在这种情况下演化出一种“代表性因子”。悉尼大学的研究人员投入这项研究当中，发现了一个令人诧异的结果。详情可参见刊载于《科学》杂志的琼斯等人的论文《蜂巢之温度调节：多样性提升稳定性》。①

假定我们观察一个蜂巢，里面所有蜜蜂的遗传控温都设定在同一个理想温度。你大概会认为，既然所有蜜蜂都经精密调校，蜂巢自然会维持一个恒温状态。事实却非如此。当温度下降到设定点以下，大量蜜蜂立刻簇拥在一起，嗡嗡振翅，从而大幅提高温度。随着温度提高，很快超过理想设定点，这时所有蜜蜂也转换成冷却行为，散开来扇风，促使温度迅速下降。随着温度骤降，低于理想设定点，大群蜜蜂再次转换行为。这样一来，蜂巢温度并没有受到严密控制，反而经历剧烈起伏振荡。

另一方面，假定我们的蜂巢里面住了一群异质性蜜蜂，各具稍微不同的，在理想温度范围上下的设定点。当蜂巢内温度开始下降到理想设定点以下时，只会有少数蜜蜂开始聚拢，提供些许温暖，缓慢提高温度。事实上，每当温度高于或低于理想设定点，都会有一群蜜蜂作出调节反应，起初只有少数蜜蜂加入，唯有当情况进一步背离理想状况时，才会有更多蜜蜂加入。最后，

① Jones et al.，“Honey Bee Nest Thermoregulation：Diversity Promotes Stability”，*Science*，2004.

拥有异质性蜜蜂的蜂巢，就能在较少动荡的情况下，维持温度稳定。

所以，拥有异质性蜜蜂族群是蜂巢的适应性结果，这能大幅提高控温精确程度，提升幼蜂哺育的成功率。真实蜂巢里面的处女蜂后出巢的头几天，会与8—12只的雄蜂交配，而且对象分别出自不同的蜂巢。接着蜂后便回到自己的蜂巢，开始产下工蜂，这群后代彼此是亲姊妹或同母异父姊妹，确保族群内部的异质性。

不论是同质性蜂巢还是异质性蜂巢，巢中蜂群的平均温度设定点都是相同的。差别就在于异质性蜂巢的蜂群其设定点具有变异性，略微偏离这个均值，至于同质性蜂巢里的工蜂，则都具有同样的设定点。所以起码就蜂巢而言，代表性因子模型会让我们误以为蜂巢温度会剧烈振荡，但事实上，温度其实非常稳定。

接着，让我们观察一种市场模型。假定市场有许多同质性中介投资人，他们根据收入信息决定买卖。正如我们刚才从蜂巢看到的状况，这类模型必定会促成某种反常的市场行为。随着市场信息开始改变，到了某个时间点，中介投资人就会想要买入。既然所有投资人都使用相同规则，就会导致需求大幅增长，价格因此快速提高。随着价格提高，信息会跟着改变到一个程度，接着所有投资人会同时想要卖出，从而导致价格崩盘。正如蜂巢的情况，若是某市场的投资人都是同质的，价格就会剧烈振荡。

异质性代理人是稳定市场的必要条件。当市场拥有多种类型的投资人时，他们对变动信息的反应差别就会逐渐产生，些许的信息变动只会影响最敏感的投资人，比较极端的变动则会触动较不敏感的投资人。这样的市场会表现得比同质性市场稳定，价格动荡历程也会比较和缓，同时“价格发现”（price discovery）的交易过程也就显得比较合理。

不论是蜂巢还是市场，异质性都会提供必要的稳定性，但不见得所有系统都如此。假定我们想要设计模型来说明一场社会运动的动态，范围可以从社区层面上的暴动乃至于推翻国家政权。假定这个社会模型的成员刚好是 100 人，每个人的敏感程度都为 S，当某人观察到 S 以上的人参与运动，他就会加入。现在，让我们假定一群煽风点火的外来人士尝试发起运动。假定我们把这 100 人的敏感等级都设定于 50。当煽风点火的人数小于 50，就不会有其他人介入这场纷争。倘若煽风点火的人数量等于或大于 50，那么所有人都会加入。所以，在同质性世界中，煽风点火的人数至少要等于固定敏感等级，才能催化一场运动。在这个例子里，我们就需要相当多的煽风点火人士——相当于族群数的一半——才能见到一场全面性的社会运动。

假定我们有个异质性很高的族群，而且 100 名成员的敏感度都各不相同。我们先提一个极端的例子，把所有人排成一列，指定第一人的敏感度为 1，第二人为 2，以此类推，排在队伍尾端那位的敏感度便是 100。接着，我们需要几名煽风点火的人，才会催化一场波及整个社会的运动？答案当然就是一名。只需要一名煽风点火的人，就足够让敏感度为 1 的人加入，一旦有了两人加入运动，也就足够让敏感度为 2 的人加入，接着会触动第三人加入［根据阿洛·盖瑟瑞（Arlo Guthrie）的歌曲《爱丽丝的餐馆》(*Alice's Restaurant*）所述，这也就构成了一个组织］，并一路触发机制，而这个社会的所有 100 位成员都加入了这场运动。

前述两个社会有个共同特征，就是都具有临界点，低于这个点就没有人加入运动，高于这个点则所有人都会加入。当然，两个世界的临界点相隔悬殊，第一个是 50（总人数的一半)，第二个则只有 1。注意，两个世界的平均敏感度阈值约等于 50，所以不同临界点是由于两个世界敏感度阈值的变异。第一个世界有同质性代表因子，因此没有差异；第二个世界的异质性会引诱出许多变异现象。

所以，我们在这个社会运动模型中可以发现异质性并不会带来稳定，却会导致不稳定，然而蜜蜂和抗争具有一些重要的共通特征，而这些特征就是最后迥异结果的根本起因。就两个案例而言，异质性都产生了区分等级的反应，环境的细微变化引发系统行为的细微变化。两种模型的差别在于它们所产生的反馈类型。蜂巢温度调节系统是负反馈，而且具有让系统稳定下来的分级倾向。而社会抗争运动系统则有正反馈，而且具有像滚雪球那样的分级反应，雪花会让雪球变大、变重，也更会卷起更多雪花。

不论是哪种反馈所招致的影响，两种模型都对代表性因子提出了一个基本要点：代表性因子会引起误解，因为均值不等于信息。倘若我们认定系统所有代表性因子都表现出平均行为，那么预测经常会失准，可能是对蜜蜂事例的稳定性预期过低，或对社会运动事例的稳定性预期过高。

政策往往会影响系统的异质性程度，从而决定系统的整体行为。异质性很可能成为市场的稳定力量，因此我们可能希望通过确保我们有许多中等规模的交易公司各自使用专属的交易算法彼此竞争来鼓励多样性。不过，倘若你希望阻止一场社会暴乱，则拥有高阈值的同质性族群，就可以防范小事恶化成革命。政策并不能支配同质性族群，却能影响反馈回路，因为政策可以改变每个人收到的合理阈值或活跃分子人数等信息。而倘若你希望利用小火花引燃一场社会运动，那么你就得鼓励种种不同观点和让所有人都能参与的感觉，如此一来，一缕星火就能触发阵阵波涛，点燃全面运动——一枚至尊魔戒，就能牵动所有事物。

第五章

从六西格玛到鸡尾酒疗法：噪声

错误……是通往发现的门户。

——詹姆斯·乔伊斯（James Joyce）

六西格玛是一种企业管理工具，从20世纪80年代开始由摩托罗拉公司投入开发资金。该设计的目的是要改进生产进程，而其核心则是一套试图将瑕疵限定在一定数量的技术，宗旨是要把制造过程的瑕疵比例降低到每百万件最多只有3.4件（或相当于依此制造过程，所得产品中有99.999 66%是没有瑕疵的）。六西格玛观点的应用，以及更广泛而论，通过而削减错误、改进质量的理念，很可能让产品厂商大幅节省成本，同时增进消费者所得利益，适用于从微芯片制造到健康照护等产业。

依照六西格玛实例和我们自己的直觉，我们很容易认为削减系统的误差——这经常归类为“噪声”类别——可以导向比较好的结果。从许多层面来看，生产制造和涌现系统是反向的。制造系统的提升还需要提高同质性。不过我们在第四章看到，有时候也需要异质性因子来驱动系统。尽管针对错误而设的防范措施，对于经明确界定的商品生产过程很有帮助，然而，倘若我们的目的是要寻觅新事物，这就是个危险的偏见。

假如我们在某地寻找海拔最高的位置。跨越那片地貌的每一步，都会让纬度和经度随之改变，假设那个地方有山丘谷地，海拔高度也会随之改变。寻觅高程的举止就是简单搜寻（搜寻海拔最高点）的一个实例，而我们就是在两个维度（纬度和经度）之间搜寻。

假使当日天气晴朗，我们可以搭乘热气球升到上空，或者我们能够迅速浏览一幅地形图（一种如涟漪般环绕各处山丘谷地的高程等高线），那么要找出海拔最高点就相当容易了。不论采用哪种观察视角，我们都能迅速辨识地势最高点，并找出该地的纬度和经度。在这种情形下，不论采取哪种世界观，消除误差的六西格玛都能发挥神效。

让我们把故事情节变得更有挑战性，当浓雾弥漫，我们的视线只能及于周围几英尺。这是真实世界搜寻的常态，此时我们该怎么办？

一个显而易见的搜寻策略是我们可以先环视被迷雾笼罩的位置，然后朝山丘踏出一步。踏出这步之后，眼前就会出现一小片新领地，于是我们可以重新环视一次，然后再次朝高点前进一步。偶尔，我们会在环视时发现视野所及方向的地面高度都一样，遇上这种情况，就可以朝任意方向踏出一步。当我们依循这种搜寻策略，最后就会发现自己来到一处定点，到了那里，我们在浓雾中看到的四周都是朝向下坡。此时，我们可以写下坐标，并向世界宣告我们找到了一个制高点。这类搜寻策略就称为爬山法（hill climbing）。

爬山法能发挥怎样的效能？当我们环视周围，所有道路都朝向下坡，我们至少能确定，当雾气消散，我们会身处一个局部制高点。然而我们并不能保证，这个局部制高点正是全区的制高点。所以，尽管在雾气笼罩下努力登高，而且到了尾声我们也许会宣告自己找到了世界的最高峰；然而，当雾气消散，说不定我们会发现自己只是站在珠穆朗玛峰山脚下的一座蚁丘上。

爬山法的问题在于，我们有可能在旅途终点找到一处局部最适点，而非全区的顶峰。想要提高找到较高定点的概率，可以采取一种改良做法，也就是进行多次登山作业，每次随机选定不同位置作为起点。回到我们雾气笼罩的地点，并试着用降落伞随机空投几名登山者，让他们分别从各自的降落地点依循登山算法前进。假设这里有许多山丘，那么这群登山者最后很可能会各自登上不同的山丘顶峰，有的高程较高，有的较低。多重随机起始点的做法很可能会让我们找到新的、更优的定点。

爬山法的效果与地貌崎岖程度息息相关。假设当地的地貌如同拥有高耸对称火山锥的富士山，那么不论登山客降落在哪里，一旦开始攀登，最后总会来到顶峰。然而，地貌若像喜马拉雅山、安第斯山或落基山等山脉一样，我们的登山者最后就非常有可能来到一处局部制高点，而非全区顶峰。

如图 5.1 所示的一维情况。x 轴上的任一位置在 y 轴上都有相对应的高度标示。我们可以取 x 轴上任意一点，并标绘出从该点起步的登山者最后会攀登到哪处位置。另一种做法是，我们可以在当地选定任意高峰，并标绘出（在登山之后）会导向峰顶的所有 x 轴数值。这种地图能为我们标示每个局部最适点的“吸引区域”(basin of attraction)。倘若世界就像富士山（设想一幅有金字塔形状的图像），那么所有 x 轴数值都位于同一个吸引区域里面，而那片区域都通往全区的制高点。相反，假使世界看起来就像图 5.1，那么就有三处吸引区域，各自通往不等高度的不同山峰。

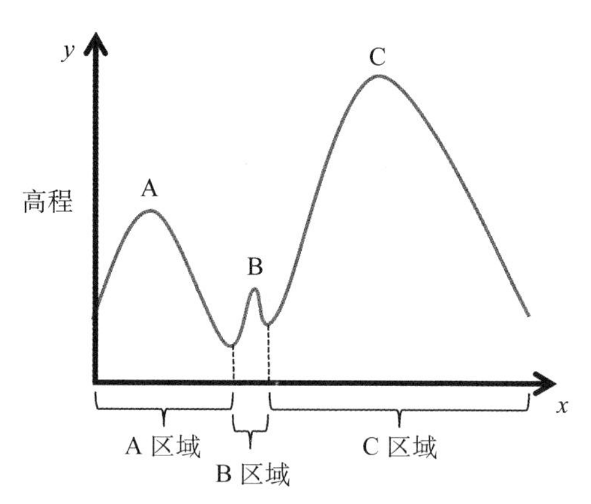

注：一维搜寻问题及吸引区域（采取爬山法）的概念。当地貌变得比较“崎岖”时，高峰的数量就会增多，同时吸引区域自然也跟着增多。

图 5.1 一维搜寻问题

即使地貌的维度不只一维，我们依然能够认出吸引区域。就我们起初讨论的二维地貌来看，设想有一场大洪水泛滥。随着洪水开始蒸发，最早露出的一片土地就是全区最高峰。接着洪水沿山坡下降，各个吸引区域也开始显露出来。倘若地貌崎岖不平，随着洪水下降，另一片陆地岛屿就会跟着浮现，这也是第二高峰，而我们就可以开始辨认它的吸引区域。随着水位进一步降低，原本逐一浮现的各座陆地岛屿也终于相互连接，而吸引区域的分界线这时才得以辨识。假设当洪水退却后，我们见到整个世界是由单一制高点向外拓展，那么采取爬山法就可以很轻易地找出全区最高峰。然而，若是冒出了许多孤岛，那么爬山法就很可能受困在某个较低高峰。

从前面的论述我们可以看出，地貌崎岖程度是决定爬山法能不能发现最高点的重要因素。因此我们有两个关键问题：崎岖性的决定因素是什么，以及遇上崎岖地貌时是否有比爬山法更好的搜寻方式？

崎岖性的问题和我们朝任意方向横越地貌时高程变化的可预测性息息相关。如果我们从地貌边缘任意定点开始，随机挑个方向，起步直线行走，我们就可以记录从登高变换为下坡的次数，反之亦然。倘若穿行沿途遇上的变换次数较少，则地貌就比较缓和，若是次数偏多，则地貌就比较崎岖。若变换次数非常稀少，则搜寻坐标（维度）与高程就偏向相互独立。也就是说，倘若沿途遇上的高程增减无关乎我们身处何处，则地貌就不是崎岖的。然而，倘若搜寻维度开始彼此响应，即当我稍微改变经度时，我所经历的高程改变和现有的纬度息息相关，则该地貌就是崎岖的。

当一个系统身在不同维度且具有多种相互作用时，就称为“非线性系统”。奇怪的是，科学有个特殊领域专门研究非线性系统。之所以说奇怪，是由于几乎所有真实世界的系统，都具有某种程度的非线性特性，科学反而把这种常态当成了某种令人好奇的特例。这一观察结果在数学家斯坦·乌拉姆（Stan Ulam）的一句评论中得到证实：“使用‘非线性科学’这样的术语，就仿佛是把动物学的大半范畴称为非象类动物的研究。”

当我们思索搜寻问题时，并不局限于如何在有形地貌找出最高点，而相互作用的维度和崎岖度的概念，会使事情变得更加有趣。例如，想想该如何穿得时尚。这里的部分潜在维度可以是打扮风格、衣物颜色、腰带或鞋子的款式等。倘若这些维度并不相互作用，那么想要时髦的外表就相当简单了。你可以从中找出最好的腰带，挑拣出最时尚的鞋子，然后选定最佳色彩。依此类推，直到身着理想搭配后出门。

当然，时尚和生命一样，不同维度确实有相当程度的相互作用。鞋子的选择取决于衣着的颜色和款式，腰带必须和鞋子搭配（起码我是这样听说），等等。所以，单独谋求各维度的最优化，而无视其他维度，很可能导致整体衣着很不时尚。再者，有好多种整体服装穿搭都可能有良好表现，它们各自代表一种局部最优性（风格），而且单就任一元素做轻微改变，并不能改进整体效果。这些整体穿搭中，说不定有某一种优于其他的穿法，或许我们可以在时尚前卫的思想中找到终极衣着方法，这类迥异的整体穿搭方式都可能各自解答了某一类元素为何能看起来时尚的问题，而每一种也都可能一样好。

还有许多事项往往也表现出崎岖地貌的特性。例如寻找最佳的汽车设计。汽车有各种特征，像是车门数量、是否具有尾翼、引擎大小、硬顶或布质顶篷、轴距、车重与里程等，都以令人称奇的方式彼此联动，因此汽车设计的表现空间也很可能非常崎岖。在种种地貌差异不一的车款示意图中，法拉利、丰田卡罗拉和福特都可以被视为汽车设计的局部最优解。同样道理，设想寻找最佳“鸡尾酒”的问题，无论是在混合饮料还是药物的意义上。倘若鸡尾酒的种种成分不相互作用，那么我们只需一次针对一项成分寻求最优化，根据这种搜寻结果，把所有理想点结合起来就能调配出终极鸡尾酒了。但以这种方法调出的鸡尾酒往往令人不敢恭维。如果是调酒，可能难以入口，不过曼哈顿冰茶大概算是罕见的反例；而医药方面则是效果不佳，而且（恐怕）会危及性命。

尽管爬山法可以让我们发动吉普车、穿上登山靴，起身探索峡谷地国家公园（Canyonlands National Park），或是买一辆宾利汽车和选出一套可以参加社交活动的晚礼服，但它也有可能让我们困在不太理想的山峰上。这时，我们可以在搜寻算法中导入噪声或误差，以摆脱在崎岖地貌遇到的爬山法陷阱。就像那几位穿降落伞的强悍登山者能依循六西格玛原则，朝着上坡路前进。然而，有利于改进生产过程的东西可能不利于发现。

回到我们那位身陷浓雾、寻觅高处的徒步旅行者，她就站在珠穆朗玛峰山脚下的一座蚁丘上。从栖身处环顾四周，眼中只有下坡。若想脱离蚁丘攀登珠穆朗玛峰，她就必须先向下坡行走。这就意味着她必须在登山搜寻途中犯点过错，至少朝下坡行进一步。尽管这似乎违背了寻找到最高点的目标，但这项短期损失却带来了长期潜力，让她有机会移动到一处新的斜坡，并且可能引领她发现一处远胜蚁丘的高峰。

这种“犯错式爬山法”的搜寻算法概念，我们称为“模拟退火法”(simulated annealing)。真正的退火是用来改进玻璃或金属等材料性质的热处理法，首先把物件加热，接着让它缓慢冷却。材料内部的单个原子便倾向于彼此对齐，其他全部保持不变。受热时，这种对齐的倾向会被外界的噪声淹没，于是原子便朝四面八方翻转。倘若受热材料快速冷却，原子便杂乱地冻结在淬火之际面对的方向。然而，假设材料冷却得非常缓慢，原子的翻转现象就会随着温度逐渐平息，它们彼此排列整齐的欲望也开始发挥作用。最后，材料便冷却到多数原子都一致对齐的状态。这种结晶质结构往往可以让生成的材料具有理想的特性。

模拟退火法和真正退火的概念非常相似。我们采用标准爬山算法规则及它朝上坡行进的倾向，并且借由“高温”让它承受一些噪声。尽管算法依然希望朝上坡行进，但噪声让它愿意接受偶发错误，只要温度很高或者高程损失很小，那么它也愿意朝下坡行进。一段时间过后，我们就降低温度，减缓算法规则朝下坡迈开大步的倾向，等到温度太低时，算法也就回到原本纯粹的登山行为。

刻意在搜寻过程加入这类误差之后，我们就能克服崎岖地貌的常见陷阱（参见图 5.2）。基本上，我们引入的这些噪声会开始震动地貌，充分填高小山谷，于是搜寻人员就能横越先前无从克服的障碍，一路迈向较高的位置。噪声让登山者踏下蚁丘，继续攀上珠穆朗玛峰。当然，加入噪声也有需要取舍的情况。就短期而言，加入噪声往往会压低绩效表现。以富士山这种地貌单纯而容易登顶的山而论，方向正确的上坡步伐偶尔会被下坡步伐抵消，让搜寻更加费时。当然，导入噪声的好处是，在崎岖的地貌中，噪声让登山者得以逃脱低矮的局部最优点，大幅提升整体表现水平。

前述概念能用来发现新颖、有效的鸡尾酒化学疗法。数年来，药物的发展有许多方式。有时药物从民间偏方中分离出来，

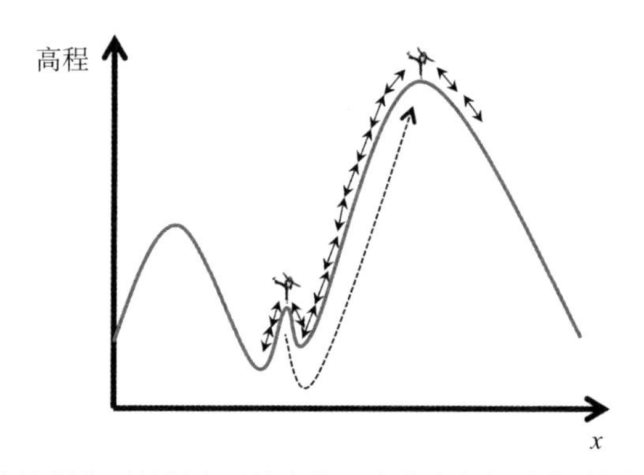

注：模拟退火法概念下的偶发下坡步伐，让登山者得以逃脱低矮的局部最优点，最终得以发现全区最优点。

图 5.2　使用模拟退火法来搜寻

例如从柳树树皮分离出阿司匹林。有时我们从形形色色的动植物和微生物中采集化合物，并以其对种种疾病的治疗效果来筛选这些化合物，期望找到某种有效成分，进而发现新药，例如青霉素就是得自真菌。最近，我们还尝试直接设计药物，首先识别疾病的某种潜在分子弱点，接着设计合宜的药物攻击这个弱点——通常会钻研用来攻击弱点所需的蛋白质，观察它的外形，接着运用让各式分子组合折叠成三维物件的相关知识制造出相同的外形。

各种方法都曾产出很有用的（有时也是非常昂贵的）药物。不幸的是，若想为每种疾病找出单一治疗药物，首先得假定每种疾病都有一个“阿喀琉斯之踵”，可以用类似帕里斯之箭的化学物质予以击杀。然而，多数疾病都栖身于复杂生物系统，而这样的系统内部往往都设计了冗余机能，系统因此更为强大，更能应付单一攻击。尽管这类系统不会被一次攻击打倒，但一旦箭矢齐射向各个冗余机能，整体系统也很容易遭受损伤而完全失灵。依循这种复杂系统疾病观，个别药物成分的作用加总就如前述齐射箭矢的鸡尾酒混合药剂，或许正符所需，能治愈侵染我们的病痛。

最知名的鸡尾酒疗法之一是用来治疗人类免疫缺陷病毒（艾滋病）的抗逆转录病毒药物混合剂。人类免疫缺陷病毒经历快速突变，只瞄准病毒的一个部位虽能带来若干短期成效，但病毒总会出现突变而躲开箭矢，因此这个策略终归失败。不过若是同时以多种药物攻击病毒——各自瞄准病毒增殖作用的不同层面，好比病毒密码的转录或组装完成的整体——则单一突变纵能避开一种药物，终究是无力抵抗其他药物的合击之势，这样一来，也就没有任何一种突变能充分地让病毒族群安然存续。依地貌说来看，这些药物是依非线性的方式彼此相互作用的。各种药物成分本身可能失效，但综合所有药物的联合用药疗法就能击败疾病。

人类免疫缺陷病毒（艾滋病）鸡尾酒疗法是现代科学的一大胜利。要想认识突变所扮演的角色以及驱动疾病的种种分子机制，必须倾注大量资金、精神与数以千计的研究人员。一旦认知到这一点，那么同时使用多种药物，并分别战胜不同病毒突变类型的对策，将成为一种显而易见的发展途径。

当研发疾病疗法时，最好能先深入认识疾病涉及的基本分子原理，并以此为基础从事研发，但往往需要耗费大量成本才能取得这种知识。这一成本也限制了可以通过这一路径开发出的药物和鸡尾酒疗法的数量。不过偶尔也会意外发现新的疗法。举例来说，治疗霍奇金淋巴瘤（Hodgkin's lymphoma）的鸡尾酒疗法，就是一位叛逆医师以实验疗法医治病危患者时靠猜测发现的。如前所述，我们有充分理由认为，鸡尾酒疗法或许是种优良甚至有必要采取的治疗方式。此外，我们已经搜集了能加入鸡尾酒疗法的繁多化学合成物，这些化合物的发现均出自意外巧合、辛苦努力或二者兼备。因此，应该已有很好的立足点来开发新的鸡尾酒本位型医疗方式。当然，这项科学计划的难题在于，药物通常会以出人意料的方式彼此互动，因此我们面对的是非线性的地貌，若是采取简单方法，例如运用个别药效良好的药物调制联合药物，很可能就会失败。幸运的是，我们关于如何在崎岖地貌搜寻目标这一问题上，已得知可能的解决之道。

我有一项研究是在安德森癌症中心（MD Anderson Cancer Center）的医学博士拉尔夫·津纳（Ralph Zinner）以及他的几位同事合作下进行的，研究使用由复杂系统催生出的种种搜寻算法，寻找新颖、有效的鸡尾酒化学疗法。我们的第一项测试是一组 19 种治疗药物，这些药物都是向同行乞求、借用或挪用得来的。每种药物都先求出大致皆能杀灭 10%的特定类型肺癌细胞的剂量，这些细胞事先在塑胶制 96 孔板中培养起来备用，各孔尺寸大约为铅笔尾端的橡皮擦。19 种药物各以固定剂量彼此搭配调出的独特的联合药物类别能超过 50 万（2^{19}）种。不幸的是，即便我们的实验室技师暨关键合作者布列塔尼·巴雷特（Brittany Barrett）拼尽全力，但受限于种种事项，我们每周也只能测试约 20 种联合药物，毕竟需要培养各种类型的细胞，还得混合药物、孵育细胞并检验结果。

为克服这些限制，我们引进了一套和前面描述的登山者很像的搜寻算法。刚开始使用 20 种随意调制的联合药物。各种联合药物分别倒进数个有癌细胞的孔中。几天过后，我们做一次检验，观察有多少癌细胞存活。能够杀灭较多癌细胞或使用药物种类较少的联合药物（这里隐含一项取舍标准，凡是能额外杀灭至少 10%癌细胞的药物就纳入配方），便经评断为适合度（fitness）较高，这个测量值近似于我们那位登山者找到的高程。我们从最初 20 种药物中，挑出适合度最高的药物作为我们的现状药物。然后，我们就开始“登山”。接下来每一步，我们都检视其他 19 种药物，它们和现状几乎一模一样，唯一的差别就是各含一种现状药物没有的药物，或少一种现状药物包含的药物。接着我们拿这 19 种变异型和现状药物进行比对测试。倘若当中适合度最高的变异型效果优于现状药物，我们就把适合度最高的联合药物当成新的现状药物，并继续搜寻。话说回来，倘若我们检视了所有变异型药物，结果发现现状药物依然是适合度最高的，则搜寻就结束了，因为我们已经找到了一个局部高峰。

大概不到九个步骤之后，我们就在 524 288 种可能调出的联合药物中搜寻了好几百种，结果发现其中一款含三种药物的联合药物，适合度优于随机调制药物的预期等级达四个标准差以上。此外，发现了这三种联合药物之后，我们进行了文献搜寻，发现当中两种药物也曾经有人提议用来调配联合药物，不过是用来治疗另一种癌症。我们的联合药物中含有的第三种药物，事前并没有被预料到，因为单独使用时，这种药物往往会促进癌细胞增长，然而事后评估起来，纳入这种药物或许有很充分的理由。例如，其他两种药物或许在细胞分裂时特别有效。若真是如此，那么第三种促进分裂的药物和其他两种药物结合运用，或许就是件好事了。

这项研究只证明了一个原则，即在崎岖地貌上使用搜寻的概念，说不定就是发现鸡尾酒疗法新颖且有效的好办法。

一般而言，发现有效的鸡尾酒疗法要面对两项重大挑战。首先，药物的非线性相互作用让简单搜寻策略失效，好比把最有效的个别药物结合在一起却不见得有效。其次，我们面对组合样式繁多的药物——我们每增添一种药物（就算剂量固定），就同时让药物组合数量倍增（亦即先前所有联合药物再区分为含或不含新添药物者）。若以我们的 20 种药物来讲，可能调出的联合药物就超过 100 万种，若是 21 种药物，就会变成 200 万种，倘若有

40 种药物，就变成了 1 万亿种，依此类推。基于这种庞大的组合数量，即便具有自动化实验室的现代先进设备，我们依然无法合理地调制、试验所有可能的联合药物。为了避开惊人的组合数量，多数研究都专注于只含少数药物的联合药物——若含 20 种药物，总计有超过 100 万种可能的联合药物，至于含 2 种药物的联合药物，则只有 190 款（若不考虑两种药物的施用顺序）。所幸，复杂系统研究的搜寻算法规则为我们应对这两项挑战带来了一种可能的解决之道，因为这些规则都是为了非线性景观且只需动用有限数量而设计。

从许多方面而言，前述的具有指向性发现意义的鸡尾酒疗法研究与医学界众多做法背道而驰。许多新近化疗研究都集中在以熟知的分子机制为标的之药物的研究上。尽管这是种有用的途径，却也必须投入令人却步的大量心力，才能披露其底层机制并设计出合宜的靶向药物。至于指向性发现所依循的途径就几乎完全反其道而行，甚至有时需要实验室员工犯点错误。新墨西哥州圣塔菲研究所的算法并没有包含医学或生物学知识，而只是一组符号，并以来自休斯敦一所实验室的反馈再做符号处理（那里有一位熟练技术员根据他从算法接收的符号，调制出正确的联合药物，把制剂添入活细胞培养孔，经过几天的孵化之后，再向算法反馈各孔板中各有多少细胞死亡）。尽管这种盲目研究看似极端，与分子研究人员严谨、明智又细腻的研究相比更显突兀，但最终我们真正关心的是能不能找到有用的联合药物，至于如何发现，就无关紧要了。

这种指向性发现的寻觅，夹在一个有趣的中间位置，一边是叛逆医师采用的直观跳跃做法，另一边则必须投注大量资源和心力，来取得深层的分子知识或针对自然化合物进行大规模筛检的方法。倘若指向性发现取得成功——发现哪些药物具有疗效等相关信息，则或许能带来新的洞见，促使我们深入认识疾病的基本分子机制。

尽管有合理的生物学和复杂系统为基础，鼓舞我们寻觅鸡尾酒疗法，眼前却有重重体制、法律和规章的约束，致使单一药物仍受青睐。举例来说，制药厂都喜欢投注心力去寻找容易销售的单一型畅销药并申请专利，至于鸡尾酒药剂，由于所含药物可能须取自其他药厂，或包含具有许多替代品成分的药物，因此它们相对没有兴趣寻觅。就连政府规章也往往有利于单一药物。像美国食品药品监督管理局（Food and Drug Administration）最近规定，联合药物必须遵照相关试验和审核规范——这是个非常昂贵的程序，就算构成联合药物的个别药物都分别通过了审核也不能例外。最近出现了一些很有希望的改变，管理当局开始认识到联合药物的价值，并鼓励业界加以运用。

往后十年期间，我们很可能会进入一个“个人化医疗”的崭新年代。例如，现有癌症疗法往往把各种癌症粗略地区分为几个过于宽泛的类别，接着对隶属某一类别的患者施以相同的疗法，仿佛他们都患了完全一样的疾病。医师带领他们走完通用疗程，希望某些部分能够生效。事实是，每个人对相同疗法都有相当不同的反应，从这里就能看出，癌症其实具有高度的个体差异。例如，黑色素瘤有种种不同突变现象，多少都影响了这种癌症对不同药物的反应。我们有理由相信，进一步深入探究并取得信息之后，我们就能发掘许多这类异质性。如今我们进入了可以廉价进行基因分型的时代，未来的癌症诊断很可能就会与每个人各自的癌症基因型息息相关。到时我们所栖居的世界，每位病患染上的疾病很可能都是个“孤儿”，只有其他少数人也患上这种病症。在这样的世界，我们会需要一种迅速的定制疗法。或许到了未来，指向性发现也就更能明确表现出它的关键本色。

最后，使用联合药物治疗复杂疾病的观点相当合理。基于这种先天崎岖地貌和庞大组合，我们需要一种系统化的方法来搜寻这样的联合药物。世界上有好几千种化合物可以用来进行鸡尾酒疗法，而且当中有许多化合物的管制专利都已经期满，因此成本相当低廉。这个具体化的化学知识宝库串连起机器人学与微流控技术（microfluidics）的新近发展，已经让我们身在一个新时代的开端，在这个时代，新颖、有效且针对各个病患的个人化鸡尾酒疗法，都等着被人发现——不过我们得先背弃六西格玛法则，愿意犯些错误才行。

第六章

没有大脑的稻草人与黏菌：分子智能

只要你有头脑，

你和他们每个人都一样好，甚至比一些人还更好。

这个世界最重要的东西就是脑子，不论是乌鸦还是人，都是一样的。

——莱曼·弗兰克·鲍姆（L.Frank Baum）：

《绿野仙踪》(*The Wonderful Wizard of Oz*)

大脑所受到的过高评价多半是有大脑的人做的。想想这世界上所有连一个神经元都没有却做出明智决策的种种实例（我们可没说大脑没有用，只是说对它们的评价过高）。嗜中性球（neutrophil granulocyte）就是一例，这是一种白血球，说不定你还碰过，从伤口冒出来的脓汁就是它。你体内的嗜中性球能感受化学信号，移动到受感染的部位。到了那里，它就会辨认外来微生物，然后把它们吞噬，或释出抗微生物化学物质破坏它们。这一类复杂的行为在这个世界的每个角落随处可见。而且，它的行动并不需要受神经元或大脑驱使。

就某个层面来看，不靠神经元的抉择并不是那么令人惊讶。就连没有生命的东西，好比一滴水或一块滚动的石头，都会顺着一条路径朝低点行进，沿途必须对去向作出抉择，而且它们（起码在表面上）都做得很巧妙。事实上，无数计算机已经专门在处理这类问题，例如试着求出卡车运输的最短路线。当然了，就水和石头的情况而言是因为有个外力或重力来左右抉择——不同于水和石头，虽然我们拥有聪明的头脑，依然得备尝艰苦地想出最短路径。

水和石头就能向我们证明聪明并不受限于有智慧的生物。当我们回过头来审视生物时，这个主题还会变得更加有趣，因为这些生物在竞技场上作出更接近我们所珍视的选择。

安东尼·范·列文虎克（Antonie van Leeuwenhoek）把显微镜改良到能观察单细胞生物之后，他注意到细胞以明显有目的的方式移动。往后数百年间，许多研究人员又更进一步发现某些类型的细胞和生物体会根据环境里的化学信号引导自己的运动。

这种现象统称为“化学趋向性”(chemotaxis)，简称“趋化性”。我们可以从一种行动缓慢的细菌——大肠杆菌来了解趋化性的运作方式。大肠杆菌的外表有好几根半刚性的螺旋状鞭毛。这些鞭毛各自附着于一个化学发动机，受其驱使并分别朝向正反方向转动。当鞭毛以逆时针方向转动时，它们就全部排列整齐，如同一个软木塞开瓶器的螺旋钻，开始推动细菌沿着笔直路径前进。顺时针方向转动则会拆开螺旋，于是鞭毛就朝四面八方挥舞，而细菌开始任意翻滚。我们观察到，这种细菌的运动会在任意翻滚和笔直前行之间来回交替。

尽管这些行为看起来很有限，却也足以让细菌前往它需要去的地方。假定我们在细菌的世界中滴一滴化学物质。那滴物质会开始缓慢扩散，形成一种化学梯度，滴剂滴落的位置浓度很高，距离定点越远，浓度也越低。假如我们滴进去的化学物质是糖之类的营养食物。一旦滴剂开始扩散，细菌会表现出一些有趣的行为。尽管细菌一定会交替进行着笔直前进和翻滚的运动，但两种动作花的时间已经开始依照所面朝的方向而改变。当细菌朝着滴剂移动，它往往花较长时间笔直前行，翻滚的时间就较短。当细菌的走向远离滴剂，则往往花较长时间翻滚。这类行为大体会让细菌逐步攀上较高的化学梯度（参见图 6.1）。同样，倘若该化学物质是细菌想避开的物质，那么当细菌的走向对准物质源头，它就会倾向于较多翻滚；若走向远离，它就较少翻滚，细菌也能因此脱离浓度较高的范围。

我们知道，细菌完全没有神经元或其他可以构成大脑的明显组成部分，然而它却有办法朝向好物质靠近，并远离坏物质。在该案例中，分子替代了大脑。尽管明确的分子机制和化学反应说起来有点复杂（起码对经济学家来讲是复杂了点），但细菌总归是由一套复杂系统所掌控，而这套系统则是由依循化学规则彼此互动的分子所构成。

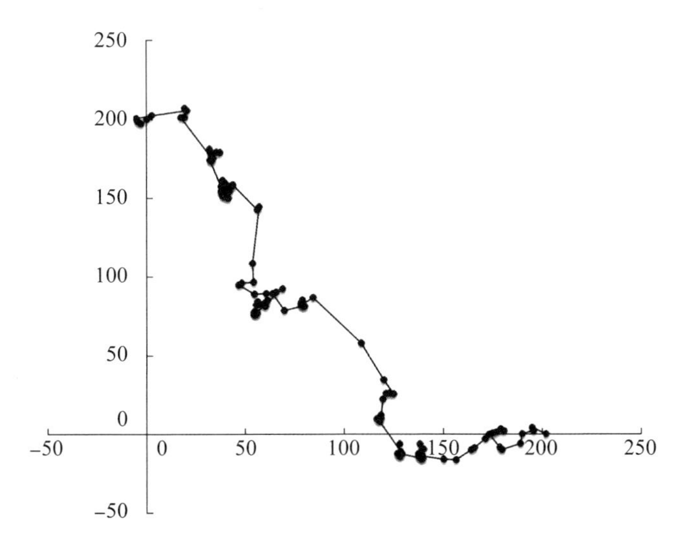

注：受到外界刺激的细菌运用化学趋向性寻找目标。细菌的起点位于图中左上方，坐标为（0，200），目标位于右下方（200，0）。细菌交替进行翻滚（完整绕圈，随机调整行进方向）和笔直前行的动作。笔直前行的时间和沿途遇上的（从目标扩散而来的）分子数量变化成比例——就本模拟情况，双方关系取决于一种新旧定点与目标相隔距离的概率函数。从图中可以看见，这个简单的行为足够引领细菌朝向目标前进，并停留在目标附近。

图 6.1　模拟细菌的趋化性搜寻作业

当两个分子相遇，其中一个或两个都可能出现变化。这种变化和分子的实际外形息息相关，而且科学界投入很大部分的心力，致力于探究蛋白质链如何折出各种分子结构。偶尔会有某种分子和另一种分子“匹配”，使受体分子有所改变。有时分子则能相互增补或移除化学基，大致相当于开启或关闭一种化学开关。一个分子拥有这些核心能力，在几十亿年的演化作用中进行混合，以调节出种种不同反馈回路和经历一连串的蜕变历程，最后得以出现一些相当精妙的行为。

简单的趋化性过程大致如下所述。当我们把一滴化学物质放到环境中时，滴剂中数量庞大的分子（为了简便起见，数量约有 6×10^{23} 个）便立刻开始扩散。一段时间之后，这种扩散作用会形成一种梯度，当我们离开原来那滴物质愈远，化学分子数量就愈少。

细菌在它的世界四处游走，它也会遇见这些分子。细菌胞膜外侧有受体，能轻易地与分子黏合——常见的比喻就是把分子看作可以连接并打开锁状受体的钥匙。当一个分子和受体结合时，它就会触动细胞内部，触动阵阵级联反应（cascade），并促使细菌表现出两种重要的行为。

当细菌遇到一种抗菌剂与受体结合时，受体因此触发的第一种反应就是向细胞内部释出一群新分子——为避免混淆，我们就称后面这群新分子为“信号”。这些信号会促使细菌表现一阵阵级联反应，把初始信号传播出去，最后生成一种为时短暂的新信号，从而逆转鞭毛发动机。一般情况下，这些发动机都朝逆时针方向转动（约每分钟 6 000 转），也就是笔直向前泳动，但当发动机逆转时，鞭毛就都斜向歪扭，而细菌开始翻滚。短效期信号引发翻滚后，发动机很快便恢复常态旋转，细菌也回归正道。倘若和外表受体结合的并不是抗菌剂，而是引诱剂，那么这类逆转信号就会比较少，细菌也就较少翻滚。所以，分子诱发的方式产生了一种适应力强的行为：当细菌身处引诱剂附近，它往往就会笔直前行，一旦遇上了抗菌剂，它就会改变方向。

第二种与外界分子结合的行为，牵涉外表受体本身的反馈回路之一。外界分子和受体的结合与受体的敏感度息息相关，这也因此和某些内在变化的成因有紧密关联。随着结合现象越来越频繁，受体本身对外界分子的敏感度就会降低，其实也就是其适应了外界的平均化学物质含量，并延续一分钟左右的短暂时间。当它喜爱的分子和受体结合，立刻（如上文讨论）会减少翻滚次数，同时促使受体降低对引诱剂的敏感程度，并延长时间。倘若往后的几分钟内，细菌遇上了相同浓度的诱引物质，它的翻滚频率并不会缩减，而是依然保持常态。这种反馈机制让细菌得以“记住”短暂过往。所以，倘若它发现自己身处片刻之前的相同处境，就会恢复自己（偶尔翻滚）的常态行为，唯有当它探测出有别于短暂过往的改变，才会再度改变这个模式。一旦细菌发现自己身处与过往相似的情形，这种记忆就会诱发细菌的探索行为。

前文我们专注于探讨细菌遇上引诱剂或抗菌剂时的状况。另一方面，倘若它同时遇上了这两种物质，又会发生什么？此时，细菌必须评估引诱剂的潜在效益和抗菌剂的潜在损失，并权衡取舍作出决定。这个问题最早在1888年就由威廉·普费弗(Wilhelm Pfeffer)率先探究，他发现结果取决于两种物质的相对浓度——倘若引诱剂的浓度胜过抗菌剂的浓度，则细菌就会向前行进，反之则远离。所以细菌寻觅引诱剂、避开抗菌剂的决策程序，也可以在两种物质同时出现时作出取舍，细菌因此也拥有一组偏好标准。

我们现在顺着行为复杂性的阶梯从简单细菌再往上攀升一级，例如多头绒泡黏菌(Physarum polycephalum)。这种黏菌类变形虫在其生命周期中有个单细胞实体阶段(不过它居然具有多个细胞核)，在此期间，它采用类似变形虫的手法搜寻食物。就像细菌一样，这种生物并没有神经元，所以它的行为也必须以种种分子层级机制支配。

这种黏菌喜欢食物，不喜欢光(除了各种有害作用之外，光还会破坏它的细胞处理程序)。澳大利亚的两位研究人员谭雅·拉蒂(Tanya Latty)和马德琳·比克曼(Madeleine Beekman)的论文《变形虫有机体的非理性决策》(Irrational Decision-Making in an Ameboid Organism)发表于2011年《英国皇家学会会刊》(*Proceedings of the Royal Society B*)，是踏出认识的第一步。她们创造出一种含有不同区块且各区块分别拥有不等食物和光线数量的环境。随后，她们把一只黏菌放入这个环境，观察它偏爱哪个区块。

她们混合安排区块位置，以推知黏菌的偏好，例如它是否更喜欢食物多与光照好的环境，而不是食物少与黑暗的环境？结果发现，饥饿的黏菌喜爱黑暗且食物多的区块，胜过明亮而食物多的区块，这种环境又胜过黑暗和食物量中等的区块，以此类推。营养充足的黏菌表现出略微不同的偏好，它们比较喜欢黑暗和食物量多的区块，其次是黑暗和食物量中等的区块，最后才是明亮且食物量多的区块，以此类推。这些研究成果表示黏菌的分子决策机制似乎能够在不同水平的好事与坏事之间作出合理的权衡。再者，它还表现出这些偏好如何受到黏菌胞内状态的影响：当黏菌饥饿时，它会承担较高风险（暴露在更多光线下）以换取较多食物。

这看来似乎十分合理，但让我们反观更复杂情境之下的决策过程。大家都知道我们人类经常违反似乎很合理的决策规则。例如，我们要决定晚餐是要去一家地点很糟却味道很好的餐馆（本地化餐馆），或者到一家位置很好但食物很糟的餐厅（游客陷阱）。当我们调整两家餐厅的地点和质量等级时，就可能让人觉得不论去本地化餐馆还是游客陷阱都没有关系。现在，让我们再加上一个明显比本地化餐馆差劲的第三家餐厅——地点相似，不过菜肴味道差一些。也许你会觉得增加一个这样的餐馆并不会左右人们的抉择，因为新的选项明显比原有的选项差劲，应该会一下子被抛在脑后。然而，研究显示虽然增添了无关紧要的另一种选择，却会实际改变民众的行为，促使他们偏好本地化餐馆胜过游客陷阱（参见图 6.2）。营销人员都熟知这种诱导效应，因此经常引进一种劣质产品来提升现有产品的销售量。此外，还有更多操作手法可以运用，例如引进另一家餐厅，质量大致和本地化餐馆雷同，不过某一个层面稍优（如菜肴稍好一些），另一个层面则比较差劲（如地点稍差），消费者的决策也会因此改变，出现意想不到的结果（在这个情形下，消费者较为偏爱游客陷阱）。

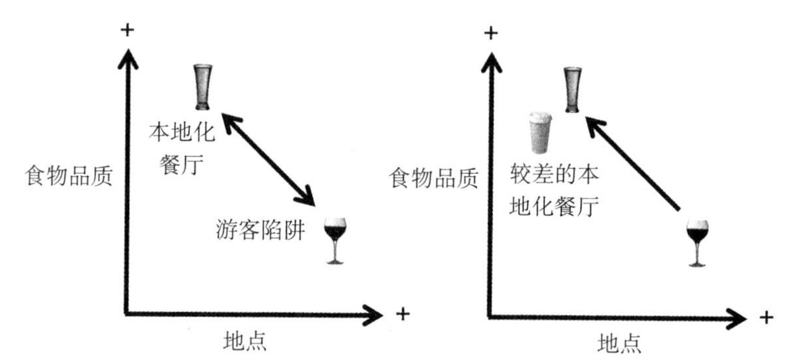

注：两家餐厅为本地化餐厅和游客陷阱，在食物品质与地点两个层面上各不相同，而让民众认为去哪家用餐都没有关系（左图）。当加入一个无关紧要的选项（本例中是一家食物品质与地点都劣于本地化餐厅的餐厅）就会导致偏好转移，让本地化餐厅胜过游客陷阱（右图）。

图 6.2　不相关替代选项诱发的非理性表现

黏菌其实也像人类一样，会堕入决策错误的陷阱。我们首先制作出两个区块，一个是几乎没有食物的黑暗环境，另一个则是食物较多的明亮环境，这样一来，黏菌选择各区块的机会就大约相等。现在引进一个较差的第三选项（例如一个黑暗区块，而食物量比现有的黑暗区块更少）。即便这个新的区块劣于现有两个区块，因此应该和两个现存选项毫不相关，但我们却发现这会导致黏菌受引诱朝向现有的黑暗区块前进，而较少前往明亮且较多食物的区块（起码在它们不饿时）。

我们对黏菌作抉择的基础机制所知十分有限。很可能有某些分子机制在这里发挥作用，而且或许这些机制的概念也和趋化性现象相仿。不论如何，没有神经元的黏菌和细菌，依然都能作出丰富多样的决定。

像这样随着环境改变行为，并能权衡得失作出适合的抉择（起码就多数时间而言）的能力，的确是生存所不可或缺的。尽管这种行为看起来如此错综难解，却也不难想象这样的机制是如何演化的。把细胞外界的养分分子带进胞内的细胞机制，是生命的基本环节。倘若细胞具有更特殊的输送机制，例如只搬运特定种类的分子，而且倘若选择性运送还能带来利益，则这种细胞的生存机会就能大幅提升。这种简单的开端，很容易发展出一些十分特别的受体，它们并不传送特定分子进入细胞，只放射出一种细胞间的信号，传达外界有哪些分子的消息。这不是个什么伟大的创新机制，但已可产生丰富的内部行动（如控制鞭毛转动）或是有效的级联反应或降解作用，甚至还为初始受体带来反馈作用。

通盘考量所有事项后，从这些单细胞生物身上所观察到的行为其实已经相当复杂。不过，我们总是把细菌的行为想成只是一套简单明了的分子反应，根本无足轻重，称不上是什么真正的思维形式。我们也认为以神经元组成的大脑肯定能带来更深层的思考形式。

不过就神经元方面，除了人类往往比其他多数物种拥有更多神经元之外，这种细胞到底哪里比较特别？神经元真正擅长的是将信号传递到很远的距离之外。我们的细菌相当微小，所以只需四处漂流并随机相互碰撞分子就足够用来传递信号，因为在这么微小的尺度，即使是随机漂浮的东西，都会十分频繁地碰撞。然而，当有机体尺寸变大，它就会需要比较可靠、快速的机制，以将信号传递较长距离——遇到信号“使命必达”时，你就需要像神经元这样的东西来快速传递并串连信号。除了尺度的必要性，两套系统恐怕没有太大的不同。分子决定机制的事实能造就理性的决策，也能犯下类似（具有发展完备的神经元系统的）人类所犯的错误，这个事实暗示，驱动两类系统的基本原理或许是相同的。

倘若这是事实，那么我们的思考或许有更为宽广的尺度，得以远远凌驾于我们一般的设想。假使简单分子机制能让细菌、黏菌和它们全体作出相当繁复的行为，或许我们也该审视其他信号和反应系统，看看它们是否也接纳该思维。或许任何相互作用的分子群，都能解释为正在从事类似人类思维的运算。

此外，倘若信号和反应都因思考所需，那么大脑或许就可以不局限于个体。或许较大尺度的社会系统，例如蜂巢里的蜜蜂、组织里的成员或一些彼此相连的市场，也都能表现出类似人类思维的运算。我们下一章会着眼探讨这个课题。

我们很可能都被各种大脑所包围，其中有些我们能轻易认出并赞赏钦佩，另一些则刚开始了解。

第七章

一窝蜜蜂有如一个大脑：集体智慧

蜜蜂就是如此发挥作用啊，这种昆虫凭着自身先天的规律，把秩序的法则教给万民之邦。

——威廉·莎士比亚（William Shakespeare）

想象一个外星生物，它有一层外膜包住内部构造，同时区隔了自身与外界。当潜在捕食者逼近，它有能力喷发毒性物质，驱赶敌人。这种有机生物的体内有成千上万个粒子，分别发挥种种不同功能，包括：让这种明显为温血生物体的生物体内温度保持在一个狭窄的范围内，还有把废物输送到外界、制造新的粒子并保养老旧的粒子，以及其他许多生存所需的内部程序。这种有机生物能向外界伸出细长的卷须，并随意四处探索，这显然是在搜寻养分。一旦卷须触及丰富的养分来源，有机生物就会伸出更多卷须，直接伸往这处地点，协助将养分运回来。取回的养分经由种种不同程序转换成一种可以储存的能量，用来保持该有机生物存活。这很像我们自己的细胞把葡萄糖之类的分子转换为三磷酸腺苷（ATP）。最后，我们发现那种有机生物拥有一种很特别的粒子，扮演着类似我们的 DNA 之类的角色，因为它包含关键信息，据此源源不绝地制造出对生命力至关重要的各种粒子。

如果我们观察那种有机生物持续一年，会发现一种有趣的现象。通常在春季，这种有机生物会把约半数的粒子喷发出来，粒子会在附近一处地点安顿下来。这些粒子所组成的质团也伸出了卷须，不过它们似乎不寻找养分，而是搜寻新的外膜——与寄居蟹寻找新壳的方式十分类似。于是，把质团和潜在外膜连接在一起的卷须开始变化，有的得到增强，也有些消亡了，最后只留下了一条强健的卷须。这时，这条卷须仿佛把整个质团拉进了它的新皮肤。经由这种程序，起初那个单一有机生物也就一分为二。这两个有机生物便回头专注生存所需，寻觅新的养分源头，增强力量，而且当条件有利时，它还会开始重新分裂。

上文描述的有机生物其实并不是什么陌生的新型外星生物，而是一个蜜蜂群落，不过这是从相当遥远的距离之外，在很难区分个别蜜蜂位置时所观察到的景象。这个新观点指出，或许我们应该把蜂巢设想成一种单一超生物体，而非成千上万只个体的蜜蜂。

这种超生物体如何运作？我们一般很容易把蜂巢看成一种君主政体，由一只仁慈的蜂后统治，它指挥工蜂执行日常勤务，采集花蜜、花粉，处理与贮藏蜂蜜，还有从事其他让蜂巢保持生机的工作。这种经精密调校的精英统治政体故事很讨喜，但可说偏离事实莫此为甚，不过，真相仍是更为丰富、耐人寻味又更为实用。

正如我们在第六章所见，就连依循一套固定化学规则来相互作用的分子，都能表现出具有智慧的行为，例如细菌会寻觅好东西，避开坏东西。既然分子互动就可以让细胞具有下达明智决策的能力，那么其他类型的粒子（这里是蜜蜂）的相互作用，应该也能把智慧带进系统。接下来我们就会看到，有关蜜蜂的真相能帮我们破解其他也有明智决策的分散式互动粒子系统的谜团，包括从细胞中的分子到脑中的神经元，乃至群落中的蜜蜂、市场上的投资人还有公司里的员工等。

尽管蜜蜂群落在春夏两季都充满生机，到了冬天气温下降且花蜜停止流出时，却往往处于存亡关头。为了能顺利熬过冬季，蜂巢必须拥有足够的工蜂保持适宜的温度，并在春天花蜜开始流出时，迅速重现群落规模；然而若工蜂过多，就会在冬季结束之前，耗尽有限的蜂蜜储备。所以，群落规模必须经过审慎控制。

因此，春季时节通常会出现分群（swarming），这时花蜜充沛，不断有蜂蜜入巢储存起来，蜂群也迅速扩张。当蜂群分群时，老蜂后领着蜂巢约半数蜜蜂出发。飞离的工蜂带着它们所属的蜂蜜随行，蜂群会在附近落脚（参见图 7.1）。这时蜂群把蜂后簇拥在中央，而整个群落则暴露在变幻莫测的天气和捕食危机之下，很容易遇上凶险。落脚之后，聚集的蜂群便派出一些斥候蜂，搜寻可能的筑巢位置——或是树干的中空部位或是某处建筑凹穴。若有斥候蜂发现有潜力的地点，它就前往探索，评估其整体质量（经由一套巧妙的烦琐实验，如今我们对于斥候蜂寻觅新家的质量要求，已经有相当的认识。具体而论，它们想要知道的情报包括空穴的大小、特定的离地高度，以及出入口的方位等）。一旦斥候蜂完成对特定位置的探索，它就回到蜂群，并开始在蜂群外围表演一种摇摆舞，以此向其他斥候蜂沟通该地点特色。这

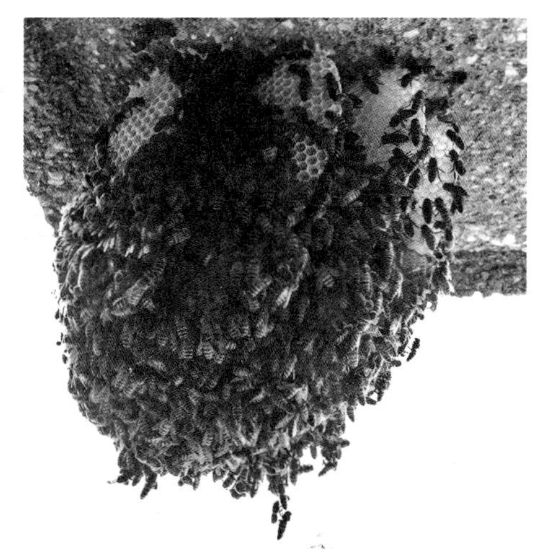

注：在建筑屋檐落脚的野蜂蜂群，位置紧邻卡内基梅隆大学里作者的办公室大楼。蜂群搜寻多日，始终找不到新居，于是开始在这个暴露的位置建造蜂窝。再过几周，蜂群就消失了。
资料来源：图片由作者本人拍摄。

图 7.1　一个蜂群

道程序的关键在于，斥候蜂的舞蹈时间长短和它对于位置质量的感受息息相关，位置质量愈高，舞蹈时间也愈长。其他斥候蜂观察舞蹈，并被劝动亲自前往查看。

我们就是在这种情况下获得第一条线索的，据此推断这种分散式系统的可能运作方式。由于质量较佳的位置将使斥候蜂跳一段较长时间的舞蹈，而且蜂群观察舞蹈之后还会征召新的斥候蜂，于是新斥候蜂就比较可能被派往较佳的潜在地点。这就产生了一种寻找较高质量位置的正反馈回路。即便具有这种正反馈，系统依然建立了一种微妙的内在预防机制，以免太早陷入某种不好的选择。因较佳位置较常受蜂群派员探索，于是接受质量评估的次数也多了许多，所以就算最初那群斥候蜂不巧测定不当，后续调查往往也能纠正这种错误。

想象一下，我们观察蜂群并追踪起舞的蜜蜂向蜂群宣传的地点，当发现蜂群最初落脚时，只见斥候蜂起身朝任意方向飞去。第一只斥候蜂回来之后它就开始在它所发现的地点起舞，接着这也许会引诱其他一些斥候蜂亲自前往探看究竟。其他斥候蜂也很快完成初步探查，回来宣扬新的地点。一段时间之后，会开始看到好几处位置都有斥候蜂代为宣扬，甚至还能算出特定时段有多少只蜜蜂为某位置宣扬，并据此评估该位置受欢迎的程度。这就有点像《公告牌》(*Bill board*) 杂志上的音乐排行榜，我们会看到某些单曲上榜相当长一段时间，偶尔也会有新的单曲勇猛闯进榜单，有时一度大受欢迎的单曲也只如昙花一现，接着瞬间失宠，销声匿迹。

这种机制让蜂群得以同步执行多项搜寻，以相对较高的速率找到新家。蜂群里没有中央会计机构记录各斥候蜂的发现，再决定派下一只斥候蜂到何处探察，或者什么时候结束搜寻并动员搬迁。斥候蜂都遵循它们本身的局部观测结果，根据发生在它们蜂群表面小范围内的事项来决定动向。这套系统有效地作出了间接制衡，好比针对比较可行的位置进行更密集的调查，同时也保留其他选择。

经过一两天起舞之后，一处地点异军突起，广受欢迎（参见图 7.2）。此时，分散式系统大致已经能作出决定了。

最终决定是如何形成并传达给整个蜂群的？尽管整群蜜蜂确实有可能以某种方式察觉到众蜂起舞已有所决定，但由分散式系统完成决定并传达此选择，确实比小范围的沟通更为合理。这段故事的第二项关键要素便在于，这项元素具有夏克椅（Shaker chair）的简洁性和纯功能特性。最后的决定是在发现位置下达，完全不受蜂群外表任何举止的影响。研究显示，探索一处位置的斥候蜂，有能力察觉附近是否聚集了最少约 20 只蜜蜂，而且正是出现了此最低蜂数，才下达最后决定。一旦新位置出现了规定的最低蜂数（请注意，基于群集的斥候蜂能从局部取得的信息，要察觉这种规定的最低蜂数并不困难），所有斥候蜂便全体回到

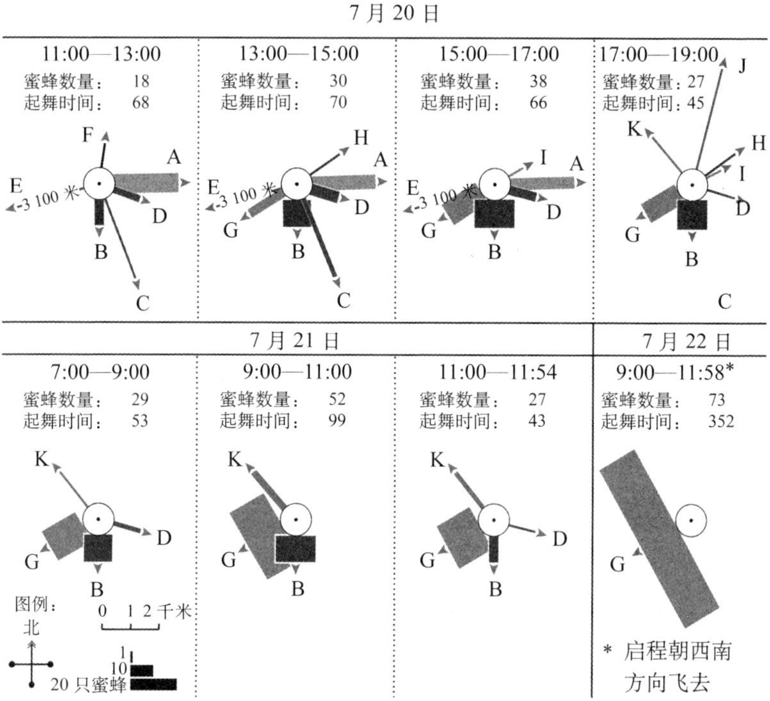

7 月 20 日

11:00—13:00	13:00—15:00	15:00—17:00	17:00—19:00
蜜蜂数量： 18	蜜蜂数量： 30	蜜蜂数量： 38	蜜蜂数量：27
起舞时间： 68	起舞时间： 70	起舞时间： 66	起舞时间：45

7 月 21 日 / 7 月 22 日

7:00—9:00	9:00—11:00	11:00—11:54	9:00—11:58*
蜜蜂数量： 29	蜜蜂数量： 52	蜜蜂数量： 27	蜜蜂数量： 73
起舞时间： 53	起舞时间： 99	起舞时间： 43	起舞时间： 352

-3 100 米

图例：北 0 1 2 千米 1 10 20 只蜜蜂

* 启程朝西南方向飞去

注：时间序列图示代表在一个真正蜂群表面的不同蜂巢地点舞动的蜜蜂数目。各个箭头分别代表一处潜在蜂巢位置的方向和距离，箭头宽度为该位置舞蹈的蜜蜂数量。研究期间蜂群确认了 11 处位置。最后该蜂群开始集中支持位置 B 和 G，第二天因雨暂停，随后位置 G 成为共识。

资料来源：由托马斯·希利（Thomas Seeley）提供。

图 7.2 不同时间的群舞表现

蜂群，开始发出特定噪声（称为“尖鸣”）并表现“嗡嗡奔跑”动作，看起来很像某个疯狂热情的演讲者在听众中穿行。这会促使蜂群中的蜜蜂开始让飞行肌热身，为大迁徙做好准备。

接下来就只剩下一个课题：几十只知道该往哪里去的蜜蜂，

怎么带领几千只不知道将向何处去的蜜蜂？结果发现，原来只需要少数几只方向正确又能快速移动的蜜蜂，就足以引领移动较为迟缓的大规模蜂群迁往新家。

拉塞尔·戈尔曼（Russell Golman）、戴维·海格曼（David Hagmann）和我以一种简单的方式模拟了前述分散式决策系统。设想在一个木桶里装了颜色各不相同的圆球，每颗球分别代表一个潜在位置。我们把圆球打乱，随机伸手拣出一颗。我们拣出何种颜色的圆球，都是我们研究的选项，接着我们把选定的圆球摆回桶中，同时依照球色的“质量”，决定添入多少相同颜色的圆球。假如我们的桶中有四种颜色，当我们拣出红色的球，我们就把它放回去，并增添两颗新的红球（就如同斥候蜂探访了优良位置之后，花了较久时间起舞一样），但当我们拣出其他任意颜色时，我们在摆回去的同时只增添一颗该颜色的新球。每次将圆球摆放回去时，我们都会重新将圆球打乱，并再抽一次。

这种桶中抽球的程序和蜜蜂系统发生的现象雷同。任何一次挑拣出特定颜色（潜在位置）的概率，都取决于桶中圆球球色所占的比例。我们第一次伸手从桶中拣出圆球时，任一颜色出现的概率都相等。一旦作出第一次选择，后续各次放回圆球的规则就会产生类似斥候蜂跳舞的作用，因为较佳选项（这里是指红球）放回桶中的球数，比其他颜色的球数多，因而提高了较佳选项在未来中选的可能性。一旦特定颜色的球数等于或高于预设的最低数量时，系统就会作出选择。

这个模型如图 7.3 所示，由于我们是从每种颜色各一颗球开始，倘若规定的最低数量等于 2，那么不论我们第一次拣出的是哪个颜色的球，则该球的颜色就会成为最后的选择，因为增添一颗（或两颗）同颜色的新球，就已经能符合门槛要求。所以，最低数量等于 2 时，四种颜色的任一色中选的概率都相等（25%），

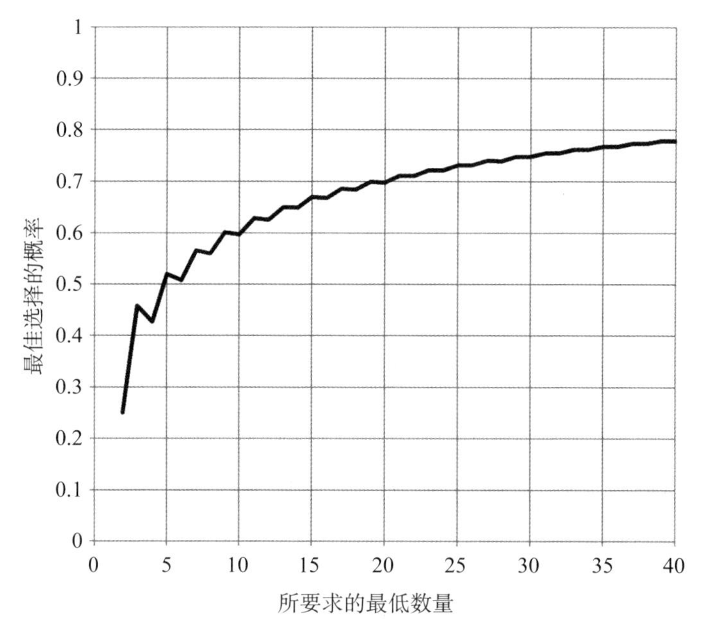

注：给定不同的最低数量门槛（*x* 轴），依某一最低数量而从桶中四种颜色得到最佳选择（*y* 轴）的机会。每次选出最佳颜色时，我们就在桶中额外增添两颗同色的圆球，若选出了其他任何颜色，都只额外添入一颗同色的圆球。随着最低数量要求的增加，挑选出最佳选择的概率也随之增加，不过达到最低数量所需的时间（未显示）也会跟着拉长。

图 7.3　规定最低数量构成最佳选择的可能性

随着最低数量提高，根据颜色区分增添新球数量的做法（最好的得到两颗，其他的得到一颗）就开始产生较大的影响，而系统也变得更有可能拣出最佳选择。例如，当最低数量为5，系统有约50%的概率会挑到最佳选择。当最低数量定为20，则有70%的概率会挑出最佳选项。我们可以用数学证明，当我们提高最低数量的要求，系统就更有可能挑出最佳选项。同时，当我们把门槛无限制地提高，则系统总是会收敛到最佳选项。

这种分散式系统要付出的高昂代价之一，便是随着最低数量要求的提高，达到最低数量所需的时间也跟着拉长。所以，若是希望系统作出更好的选择，我们就必须等待稍久一点。大体来讲，等待要付出很沉重的代价，特别是类似蜂群的系统，因为它很容易受到自然环境和捕食动物的攻击，而且那样的状态下无法储藏蜂蜜。蜂群一般只有几天时间寻找一处新家，超过这段期间，就难以存活下去。所以，等待太久有可能比作出一项低劣抉择还要糟糕。有鉴于此，我们或可预期，演化会产生差强人意的最低数量要求——也就是促使蜜蜂选出虽然不是最好但合适的家园，而不会让蜜蜂等待太久。蜂群的最低数量门槛可能约为20，根据我们的模型，这样的机制会相当快速地且有相当不错的（却非完美的）机会找到最好的家园。

分散式决策系统在权衡高风险抉择时还有一个有趣的特征。推导决策者风险的偏好有种典型的做法：首先给他们两个选项，一个很安全，另一个则具有等价（从期望值考量为25%）的风险。例如，假定你和人打赌，平均赌注为2美元。不过，游戏开始之前你可以选择：直接赢2美元，或者选择50%的概率须支付1美元，但有50%的概率获得3美元的赌博方式。你会选择哪种？倘若第二种赌法改成80%的概率支付1美元，20%的概率获得6美元，你的抉择会不会改变？

我们用图7.4表示抽圆球的模式会如何抉择。系统必须决定要直接接受额外两个圆球，或者从右侧图例所示的几种高风险赌法中挑出一种。尽管所有赌法的期望值都为2，但随着从图例顶部向下移动，这些赌法的变异程度——风险的另一种指标——也随之降低。y轴显示了挑出安全选项的可能性，所有概率高于0.50的系统都具有风险规避属性。一旦x轴的门槛超过了2，抽圆球的系统就比较容易选出安全选项，除了一次奇怪的例外，而且随着赌法变异程度增加，系统还更加偏好安全选项。所以，就我们以抽圆球的行为表现来讲，蜂群使用的分散式决策系统具有风险规避属性。

避险或许是演化系统的一种重要策略，因为一个物种只要一次繁殖失败，一条演化树分支恐怕就要面临被剪除的危险。你是一连串非常漫长的成功配对的成果，而且这段经历可以一路追溯至生命的源头。这个链条只要断了一个环节，你就不会在这里了。当然了，你的不存在与智人灭绝还是有差别，不过基本概念

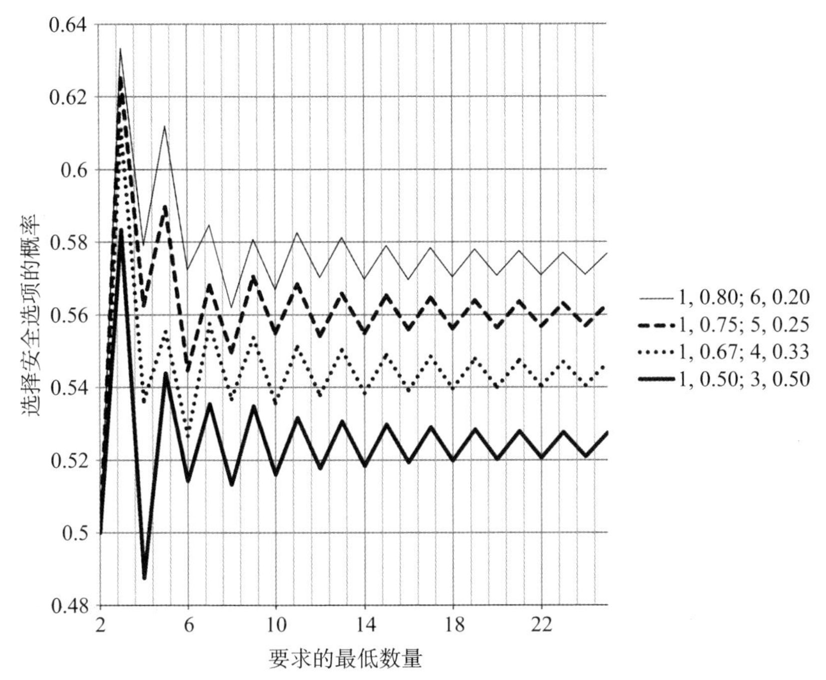

注：选择安全选项（肯定得到 2）相对于风险选项（得到 1 或大于 2 等较高价值的概率，且赌博期望值始终等于 2）的概率。例如，最上方赌法意指有 80% 的概率能得到 1，而且有 20% 概率能得到 6）。只要最低数量的要求大于 2，则（除单一事例之外）系统就比较可能采行安全选择，从而避开风险选项，因为安全选项的概率大于 0.50。随着赌博风险提高（右侧图例从顶端的最高风险依照顺序到底下的最低风险），系统也更常选择安全选项，表现出更高的风险规避举止。

图 7.4　分散式决策的风险规避表现

一致。依赖赌博的演化对策相对于倚仗肯定的事，前者显然相当冒险。在某些情况下摆弄概率也许有些道理，然而一旦失败，却要付出惨重的代价——钻石恒久远，灭绝永不复生——因此，这样的策略只能在非常特殊的情况下采用。一般来讲，缓慢与稳定才能赢得演化竞赛。就蜂巢的情况而言，分割蜂巢牵涉到一项风险极高的投资，因此，就这方面来讲，演化成功得自笃定能找到一处过得去的家园，而非让蜜蜂冒着陷入极端险恶处境的风险之中，即找到绝佳家园。

蜜蜂的分散式决策过程并不是稀罕事例。有些蚂蚁物种也采取相关途径寻找新家。这种蚂蚁的群落决定搬迁时，会派出斥候蚁四处搜寻可能的新住处。斥候蚁调查到一处可能位置之后，便返回原来的群落招募新蚁，而它返家的速度和新位置的质量息息相关——较高质量的位置会促使斥候蚁加速回返。

当斥候蚁回到原来的群落，它就使用一种名叫“串联运行”（tandem running）的程序，教导另一只蚂蚁如何走到新家。串联运行必须对另一只蚂蚁新手进行烦琐又冗长的训练，不过好处则是新手会学到沿途地标等必要事项，于是它也可以再度回到原来的群落，并教导其他蚂蚁。就像蜜蜂，当新位置达到最低蚁群数量时，行为就会出现变化。它们不再使用串联运行，这群蚂蚁回原初居住地只为了接回同巢伙伴，把它们搬到新家。搬运的好处是花的时间只有串联运行的三分之一，坏处则是新成员没机会学习路径走法，不过一旦新巢选定，这也就不是必要的知识了。

人类社会中是否也有类蜂巢的心智？或许有吧。回想前面《公告牌》杂志上音乐排行榜的比喻。歌曲被人发现之后，播放频率就会变高。播放频率提高了，也就会有更多人听到，如果那些人也喜欢听，他们同样会开始播放（也有可能更频繁地聆听电台播放这些歌曲）。过一段时间，最受欢迎的歌曲便蹿升到榜首，而且往往还能待在那里很久一段时期。质量低劣的歌曲没办法招募新的听众，很快落出榜单之外，从此不再有人聆听。

智能型手机和MP3播放器等消费品都可能经历过类似的发展进程。这些市场起初会有一批消费者基于一时冲动而购买。这群消费者每次使用产品，基本上就如同蜂巢内其他成员跳起摇摆舞。产品愈好，他们就愈可能拿出来使用——也就是舞跳得愈久。新消费者进入市场时会先观察其他人，观察心得也就影响了他们本身的购买行为。请注意，让产品带有醒目的特征（想想iPod的白色耳机），在这里是一项优势（特别就这个例子而言更是如此，因为通常这种产品大多数时间都被藏在口袋里面）。当正反馈回路开始启动，我们往往会看到一项产品一飞冲天，并开始主导市场。

人类社会系统走过类蜂巢进程的另一个例子出现在政治角力场合。在初选阶段，有许多候选人竞相争取认可。候选人也有他们的“嗡嗡震颤”，那就是在造势大会现身，并向亲友自我推荐以求得政治献金和忠诚拥戴。当然，候选人还可以出席政见辩论会等讨论活动来接触大群民众，不过就连在这些场合，听众的拥戴（好比借由鼓掌）和主持人的支持（借由对领先者请教较多问题），也会影响其他人的观点。不过，过了一段时间，就会出现一位明显领先的候选人，于是提名人选也就此巩固（至于这个人是否代表最佳人选，这个问题就容我在其他地方讨论）。

这些例子都专注于讨论大尺度社会选择，不过我们也可以使用相同的概念审视我们每个人所做的抉择。

当考虑蜂巢时，我们忽略了一项事实，那就是各斥候蜂的行为都有个约含 100 万个神经元的大脑负责指导（相较之下，蚂蚁则拥有 10 万—25 万个神经元，而我们则约有 110 亿个神经元）。相反，我们抽象化了各蜜蜂的行为分别受到一堆神经元控制的问题，认为每只蜜蜂都是遵循简单规则的单一粒子。但我们也能因此从整体的角度彻底理解蜂群的行为。

复杂系统研究有一个特色，即某个层级的系统行为（如蜜蜂大脑所含神经元）可以在另一个层级做抽象处理。例如，我们先假设个别蜜蜂都能依循简单规则，但不考虑这样的规则是如何生成的。我们顺着这样的抽象概念，就能单纯专注探究现有层级的行为，就前例而言就是个体蜜蜂的相互作用，如何让蜂群下达一项统一的抉择，决定该往哪里搬迁。当我们踏上这段抽象旅程，并且上下移动一个层级，我们能够（或希望）将我们在某个层级发现的普适原则运用在另一个层级上。各项层级可能包括互动原子产生分子行为、互动分子产生化学行为、互动化学物质产生神经元行为、互动神经元产生个体行为、互动个体产生群落行为，以及互动群落产生生态系统行为等，这些都受相同的原则支配。

够幸运的话，我们从一个层级中洞见的领悟就能无缝地应用在另一个层级产生的现象上。我们因此可以发现，这类系统之间或许存有某种深层的相似性。如果真是如此，说不定我们在研究蜜蜂的分散式相互作用如何产生群体选择所得的洞见，也能够用来认识其他系统的选择行为。或许这就是涵盖从蜜蜂到大脑等范畴的种种决策行为的简单方式之一。

观察蜂群的优点之一就是，我们可以看到整群蜜蜂，并追踪它们的个体运动。当然，即便对这样简单的例子，追踪观察也不是容易的小事。不过，比起追踪构成大脑的数十亿个神经元依然相对容易。尽管无法追踪数十亿个神经元，我们仍能在脑中插入极纤细的探针，观察单一神经元的活动。从许多这样的观察结果中，我们就能开始了解个别神经元的行为如何形成集体决策。

威廉·纽瑟姆（William Newsome）和他的同事常使用这项技术分析猕猴如何作决定。例如，他们先让一只猴子看荧幕上随机摆放的移动圆点，其中某个比例的圆点都向左或向右移动。经过训练的猴子开始判定一同移动的圆点是向左或向右，并以将双眼移动到荧幕上的特定定点表达它的判断结果。

因为哺乳动物脑中视觉皮质部含有高度特化的神经元，它可以感测到眼睛所见的某些特殊属性。例如，某些神经元只在眼睛看到一道水平边缘时才放电，有些神经元则专门感测朝特定方向的运动。这类运动感测神经元的放电现象，正是纽瑟姆的猴子做决定所需要的。由于只有某些比例的圆点一同移动，所以这些神经元传来的信号也就显得相当嘈杂。在脑中另一部位，另一组神经元这时就开始权衡收到的感觉。这些神经元追踪偏爱向左移动的神经元在一段时间内的放电数量，并与偏爱向右移动的神经元相互比对，当两个方向中有一方观察的总放电量开始占上风，就能做决定。当荧幕上许多圆点都朝相同方向移动，决定能迅速得出，而且不会有错。不过当信号混合程度较高，好比当只有小部分的圆点一同移动，则做决定就得花较长时间，而且准确度也比较差。

支持任一立场的信号逐步累积，导向最终的决定，这和我们从蜂群所见的类似。两种系统的信号都在一段时间内缓慢累积，到了最后呈现一边倒之势，而最终决定也就据此做出。如前文所述，蜜蜂系统内建了一些防护措施，因此起初看似较好的选项会接受更频繁的测试。虽然大脑和这种现象能不能相提并论并不是那么显而易见，不过放电神经元有可能萎缩或改变相关神经元的敏感度，从而促成相似行为。即便无此现象，这两种乍看明显迥异的系统之间的相似性，依然相当引人注目——蜜蜂和大脑之间有可能存有密切的关系。

这类系统作出的最后决定，无法确保一定都是正确的。蜜蜂群体有可能因为一开始最佳选项始终没有经过验证，或者由于偶发事件，致使信号增强作用不足，而让较差选项在同一时间获得更稳固的立足点，而在正反馈状况下变得较为有利，结果众蜂便挑选了一个比较差劲的蜂巢。相同道理，大脑中的随机事件也会导致运动神经元放电模式出现大量噪声，或者决策神经元出现大量错误，致使选择逆转。当51%的圆点移动方向相同时，猴子的决定约有95%的概率正确，但当移动方向相同者仅占13%时，则正确决定的概率只有70%。

从蜜蜂和大脑机制的相似性可以推知，我们可能在其中建立更深远的跨系统关联性。可能许多看似有智慧的系统，实际上就是简单粒子相互作用的结果。我们知道，复杂系统擅长粒子互动形成大尺度结构，但这样的成果其实并非任何粒子之本意，也不属于任何个体能力的一部分。所以，较大尺度结构表现出某种超凡智能，或许也不是那么令人惊讶的事情。

就如蜜蜂群落一样，蚁群也必须作出种种抉择，比如应该派出工蚁寻找食物，还是应将工蚁留下来修补蚁丘等。黛博拉·戈登（Deborah Gordon）和其他人发现，一只蚂蚁决定该做什么之时，它会受到其他蚂蚁的行为的影响。倘若一只蚂蚁遇到许多蚂蚁带着食物回来，它也会外出。因为食物多常表示觅食很轻松，于是蚁群会很快带着食物回来。这种情况就会鼓舞其他蚂蚁也外出觅食。倘若食物稀少或附近有捕食者出没，带食物回来的蚂蚁就很少，于是工蚁就会改做其他事项。不论哪种情况，这条“跟着其他蚂蚁做一样事情”的规则，都会引诱蚁群进行更有生产力的行为。

但这并非表示盲目遵守规则就是最理想的状况。例如，行军蚁尾随其他蚂蚁留下的化学信号行进。这种行为通常很合宜，因为它们只根据局部信号，无需下达整体方向的指引，就能组织成千上万只蚂蚁一同行动，结成适于快速移动的群落或追捕猎物的队形。不幸的是，当一列行军蚁不慎开始依照自己留下的轨迹前进时，这个策略有时就会失效，整支队伍便跟着绕圈打转（参见图 7.5），时间一长，所有卷进此次行动的蚂蚁的下场就会很凄惨。

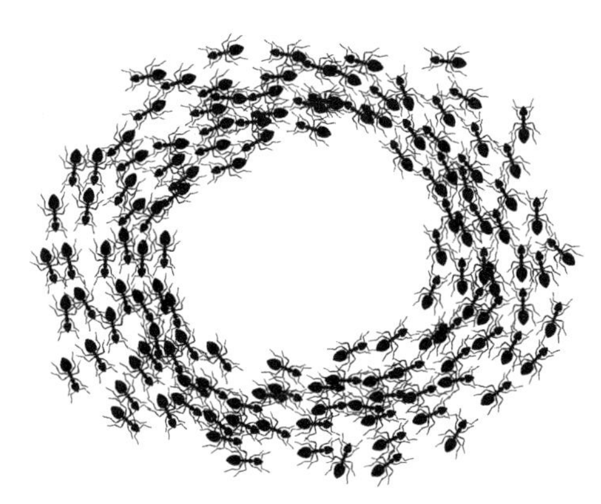

注：支配每只蚂蚁行为的简单规则，即跟着其他蚂蚁留下的信息素轨迹前进。一不小心就可能导致它们意外开始尾随自己的足迹。几天过后，陷入绕圈打转的蚂蚁都会死去。

图 7.5　一群绕圈打转的蚂蚁

全局行为是任意相互作用的粒子群组必然产生的结果。有时候这种行为乱七八糟、漫无章法又很难测度，就如同我们周遭的空气分子，像撞球般相互碰撞——尽管这类系统也有平均行为，分子都没什么意外地大致均匀分散至室内各处，并不会出现集中在一个角落的情形（这种情况也有可能发生，但概率不高）。其他时候，局部相互作用则会促成看似更具有组织，也更一致的全局行为。这种有组织的行为虽然并不确保总是更富有生产力或更为有用，但我们仍然能见到许多好例子，如行军蚁能组成总宽度6英尺、前锋宽度为3英尺的队伍，像推土机般穿越丛林搜寻猎物。蜂群也做出生死抉择，决定成千上万只蜜蜂向哪里迁居。神经元能感受外界情况，构思有用的决策，决定要采取哪种行动。

这样富有生产力的自组织系统，可以借演化力量淬炼成形。虽然物理定律固定不变，但遵循物理定律的内部化学环境却会变化。所以，只要重组某类汤的分子，就能唤出不同的组成规则，而且当特定规则组合能产生某种更高目标的总体行动时，演化就能为未来世代捕获这些条件。如此一来，演化力量就能形成依赖复杂分子相互作用来存续的生物体，这样的生物便能容许代谢、信息处理、生殖，甚至由个体和超生物体作出深思熟虑的决策。

这样的系统不但能经过演化形成，而且能由人类创造与淬炼。拍卖市场就有个有趣实例，依循人类设计出的局部规则造就更富生产力的整体结果。拍卖采用所有参与者都必须遵守的几套简单规则。这里显而易见的目标就是找出即便对于自利的个体也得奉行的规则，期望能促成整体结果良好的连串交易，确保在拍卖时，参与的各方都能完成最有利的买卖。

根据记载，最早的拍卖出现在约公元前500年的巴比伦。当时是拍卖能娶回家作为妻子的妇女，场上售价最高，即最受欢迎的妇女，其所得收益可用来补贴较少人问津的妇女。这样的机制在20世纪90年代讨论“部分收费扣还”系统（“feebate” systems）时又再次浮现。依照这类做法，从较低效能技术（如高耗油卡车）买卖中收取的费用扣除基本金额，剩下的能作为购买效能较高车辆的津贴。

从巴比伦时代至今，好几百种拍卖机制不断开发、成形，不过只有少数几类经广泛采用。多数人想起拍卖，脑中总浮现出公开喊价的英式拍卖。这种拍卖的参与者逐步提高开价，直到没有任何人愿意出更高价格，这时商品就卖给最后投标的最高出价买家。荷兰式拍卖——从前在荷兰用来贩卖每日早晨大量新鲜采摘的花朵等商品——刚开始的价格则远超出任何人愿意购买该商品的价位。接着，价格开始下降，直到某位买家同意接受该货品。有些拍卖场——例如金融市场的拍卖作业——同时结合了英式和荷兰式的拍卖特征，潜在买主逐步提高购买价位（投标价），而潜在卖家则逐步降低卖出价位（要价），直到某人同意接受现有可行的开价为止。还有其他采用一些有趣的做法并改动规则的拍卖机制。例如，维克里拍卖（Vickery auction）的潜在买家秘密提出投标价，并由最高价者得标；但售价却非他自己提出的价位，而是次高价标金，因此这种做法又称“次价拍卖”(second-price auction)。某个变异版本的维克里拍卖被用来销售美国国库证券，销售额每周可达几十亿美元。

人类为了满足贪婪私欲，集结巧思设计出各种经受时代考验的拍卖规则，这些规则和出现在蜜蜂群落的行为基因却十分相像。就个体而言，遵循这些规则来互动，从而创造出来的全局行为，有可能与系统规则，甚至任何个体目标都毫无关联。有些规则组合会造成不良后果，好比买方或卖方可以共谋占对手便宜，或者商品没有实时运送等。发生这种负面后果的拍卖机构往往会逐渐消失。另外，某些在拍卖中得到好处的卖方则能长期存续，如英式拍卖。奉守这类规则的社会，往往也都能繁荣兴盛。

人类社会系统确实有可能采取一套简单规则，依其设计宗旨孕育出富有生产力的自发社会秩序，拍卖只是其中一个案例。《罗伯特议事规则》(*Robert's Rules of Order*，初版于1876年发行）是以国会和立法院所采规则为雏形的著作，其宗旨是指导团体内个体的互动方式，以期能由此促成富有生产力的团体决策。同样，我们也都期望在宪法、法规、法院和国际条约的制订中，衍生出涌现智慧，不过即便最周密的规则，偶尔也可能酿成绕圈打转的困境。

复杂系统理论依然处于发轫期。我们知道，许多规则都可能促成相仿的涌现性质，因此或许前述几类系统也可能有此现象，例如民主系统。自从希腊城邦时代以来——大约与巴比伦拍卖同一时代——各种民主规则都经过某些人的试用。不同规则赋予每位公民的代表权和自由往往有多寡之别，不过都会兴起一股相似的民主感受。

再想想宗教系统涵盖的种种教义，也都试着以一套信仰创造出富有生产力的社会。不同宗教采用不同做法，甚至在同一个宗教分支里，往往都有稍微不同的信仰方式［喜剧演员乔治·卡林（George Carlin）就有办法把十诫浓缩为两诫："你要永远保持诚实、忠贞"和"你要十分努力别杀人"］，但最终目标都是一样的。

比较好的涌现组织理论能带来许多实际用途，能让我们得以涌现或简化规则组合，最后产生富有生产力的结果。想想这种用途对税法一类的规定具有何等价值。美国现行税法约含 340 万个英文单词（相当于约 24 兆字节的数据）。这些英文单词创造出一套税务规则，不论好坏，它都把社会的各个关键部分组织起来，包括政府支出、收入差距、就业机会、工业生产、投资选择、政治倾向还有偷税漏税的可能性等。现行系统具有非常高的复杂性，而且说不定是毫无必要的高度复杂性。涌现组织理论说不定可以形成一套大幅度精简，并同时能产生较佳结果的规则。

就算没有发展完善的涌现理论，蜜蜂搜寻新蜂巢位置等例子，也都可能提供一些新的概念。演化让蜜蜂有本事发现优良家园，而且不需要依赖集中式信息或权威。社会、政府、军事和企业领域也都存在这些问题，说不定也都能运用相关机制解决。不同的工程问题或许能循此求解。另外，以蜜蜂为本的分散式决策系统，说不定也能用在搜集与呈现各种关键信息，包括基于网络的搜寻，乃至巩固企业或国家安全的情报搜集。

为求科学准确而妄自修改莎士比亚的作品是种愚蠢的行径，不过，这里我们要努力尝试一下：蜜蜂（和大脑、社会）就是如此发挥作用的，这种昆虫凭借自己先天的（简单）规律，把（自组织）秩序的法则，教给（科学家和实践者构成的）人类族群。我们的妄自修改严重地破坏了原文的诗歌韵味，但科学的诗歌并不受牵连。在简单规则支配之下，相互作用系统能产生贯穿系统层面的自发行为，而且既属于这些基本规则的一部分，又同时与它们全无关联。这种魔法有可能，也确实出现在这个世界的所有层面，包括从蜜蜂到大脑等诸事物。

第八章

从草坪养护到种族隔离：网络

贵重商品的炫耀性消费是有闲绅士博取名声的手段。

——索尔斯坦·凡勃伦（Thorstein Veblen）：

《有闲阶级论》（*Theory of the Leisure Class*）

任何复杂系统的核心，都存有一套相互作用的因子。倘若我们追踪谁和谁互动，我们就能发现因子间的联结网络。这些网络的结构在两方面分别具有相当程度的影响力：不同复杂系统之间存有哪类网络，以及系统层面的行为如何受到不同网络结构的影响。

想象一座四周环绕房屋的湖泊，这处湖滨社区的各房屋都建在水边，所以每一栋房屋的左右两边各有一栋邻屋。若从空中俯视，各房屋都在湖边的环形土地占了一小块（参见图8.1）。

如同大多数社区，各住户的行为也都会受到邻居的影响。假定各住户都必须决定投入多少精力养护草坪——如割不割草。一位住户投入的程度，有可能取决于邻居的行动。倘若两旁邻居都

注：房屋环绕湖泊排列，各房屋都与左右邻屋相互作用。

图 8.1　湖滨社区

将草坪养护得犹如果岭般完美无瑕，住在中间的你就很可能也会跟上他们的脚步。倘若相邻草坪就像野草丛生的森林，那么你大概就会缩减料理草坪的工夫。

让我们进一步探索这个世界，假设各住户每逢周日都得决定要不要割草。这项决定受到两户邻居（分别是左边与右边）的强烈影响。让我们先把情节简化，假设左右邻居上周都与该住户做法相反，则本周该住户就会更改做法。若非如此，则本周该住户就会延续上周的做法。

这条规则就相当于粗糙版的多数法则。这个三户一组的团体以“投票”决定该怎么做。假设该住户和至少一户邻居都延续上周的做法，则多数人的决定便决定了该住户本周的做法。倘若该住户上周背离了左右邻居的做法，那么邻居的两票就会否决她的一票，于是她只好改变做法。

规则差不多齐备了，现在可以开始实际探索湖滨社区的系统层面上的行为。目前唯一仍欠缺的部分是，草坪养护季节的最初一周发生了什么事。因为我们的行为取决于前一周的做法，但显然季节的开端并不会有前一周。所以启动系统时，我们就分别为各住户抛掷硬币决定初始行动。

乍看之下，你或许会觉得不论第一周多数住户作出哪项选择，都会让第二周延续相同做法，因此湖滨社区所有人都会每周割草或从不割草。这看起来似乎很符合直觉，不过，请回顾一下各住户的行为，他们的割草决定都只和隔壁邻居相关。所以，初始多数选择的整体信息，无法在第二周就传遍湖滨地区的所有人。我们或许该修正初始直觉，也许在一段时间之后，随着邻居影响邻居，初始多数的做法就会慢慢流传到湖滨社区各处，于是再隔几周，直到最后，系统也终于根据最初的多数决让整体一致。如同多数复杂系统，我们这种合情合理的直觉也是错的。

假设两户邻居因某些原因开始采取相同做法。此时，这两户都始终各有至少一户邻居和她采取相同做法。基于多数法则，这意味着这两户永远都不会改变做法。

所以，当两户邻居在任意时间点采取相同做法时，当季的其余时候就不会再改变做法。这种锁定现象取决于双方的共同行动，这也表示系统在一段时间后，会形成一种孤岛现象，也就是每组相邻住户都采取相同的做法（总是割草或永不割草）。

让我们集中注意观察孤岛之一的边缘。假设最靠近孤岛边缘的住户曾经决定采取与孤岛相同的举动，这个住户就会同时成为这座孤岛的一部分，因为她永远至少都有一个邻居（前述孤岛边缘的住户）采取和她相同的举动，此后，她就再也不会改变做法了。隔了一段时间，我们或许会见到各座孤岛正慢慢地增加新成员，因他们会吸收做法相似的最接近的邻居。

这种系统的部分动力学是一批拥有相同做法的孤岛，而这些孤岛则是在一对对邻居恰好采取相同行动时所形成的。在季节开始之际，这些孤岛零散分布于湖滨，各岛的明确位置和共同行动则与随机初始条件相关。一旦根基稳固，这些孤岛可能就会吸收累积做法相似的邻居，而其大小也随之增长。

这些日渐增长的孤岛是否会缓慢合并，形成一座整体的单一孤岛，进而接管整条湖岸线？在回答这个问题之前，让我们想想当做法相反的两座孤岛相遇时，会发生什么情况。这些孤岛的边界位置为两个最接近的邻居，他们分别采取不同的做法，同时各自与各一边的邻居采取相同的做法。所以这两个邻居分别有一个相同做法的邻居（孤岛伙伴）与一个做法相反的邻居（边界伙伴）。根据多数法则，两户都不会改变其选定的做法。所以，做法相反的两座孤岛相遇时，彼此都不会向外增长，同时确立起一条安稳的边界。

经过前述讨论，现在我们已经更深入地了解湖滨社区的动态。不论随机初始条件为何，我们都会见到具有相同做法的孤岛从湖岸某些点浮现，这些点就是至少两个邻居恰好都采取相同做法的地方。[①] 这类孤岛都让岛内伙伴在当季剩余时期内全体采取一模一样的做法，但不同孤岛的做法各不相同。一段时间之后，不属于任何孤岛的住户终究都会被吸收进某座孤岛。当做法相反的两座孤岛相遇时，边界处会形成稳定的疆界。这些步骤最后会引导湖滨社区进入一种安定状态，一群群邻居都实行相同的做法，而且沿着湖滨绕圈从一群往另一群移动漫步时，我们会看到各群交替采取不同做法（参见图 8.2）。

所以，湖滨社区分隔成一组组非常稳定的群组，各自从事非常不同的做法，不过所有住户其实都遵循相同的行为规则。此外，这些群组的形成与初始条件相关。倘若我们以新的初始条件让模型重新运转一次，或许就会发现，原本细心养护草坪的住户，到了下一个季节却变成恶邻，任由草坪杂草丛生。

当模型的概念能应用的范围超过这样的初始状态，这个模型

① 另外，也可能会出现另一种特例。某些初始数量会让孤岛群组的做法不断地轮流交替。在这种情况中，所有住户每隔一个时段都会改变做法，系统也因此始终稳定不下来。不过，当系统的规模增大时，出现这种情况的概率也就变得微乎其微。

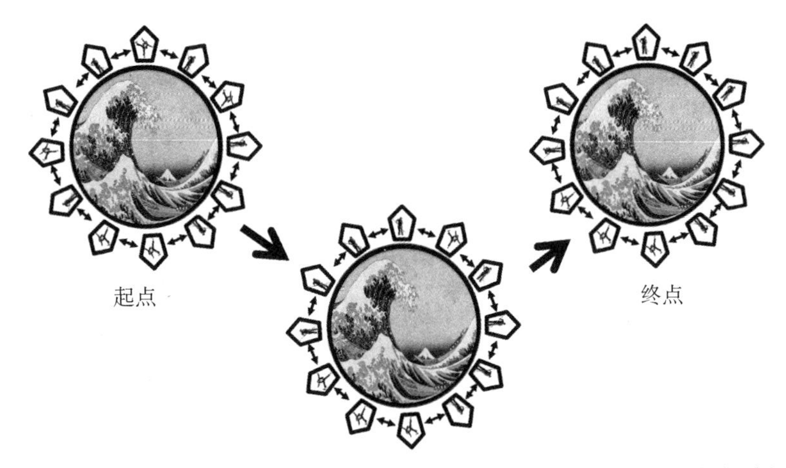

注：湖滨社区的随机初始举动（左图），接着依照多数法则逐步演变（中图），最后达到一种稳定组态（右图）。

图 8.2　湖滨社区动态图

就显得异常宝贵。所以，即使我们正专注讨论的是湖滨社区的草坪养护，其中的情节与问题本身似乎都不是很有趣，但我们生活中仍有许多现象，如草坪养护、住家维修和房子外墙漆哪种颜色等，同样受到社会行为的影响，并可能接连影响地产价值与邻里长期稳定等。草坪养护的基本模型可能带来一些关键概念，让我们深入了解导致邻里关系瓦解的可能因素，说不定还能点出一些让邻里重新团结的对策——例如，策略性地瞄准某些特定住户，期望借由特定住户的行为改变，对系统的整体状态产生巨大的积极影响。

其他各种社会行为也都可能受到邻居的影响。思考一下教育的情形。要不要写家庭作业（而不去参加派对）、参与班级讨论，甚至读不读大学等，都经常受到身边朋友的影响，因此湖滨社区模型或许就能为你带来相关的模型概念。相似的力量也可能影响犯罪行为，因为邻居的举动说不定会鼓舞或劝阻犯罪活动，包括贩毒或加入帮派等。此外，在某些社区，忽视自己的草坪会被视为冒犯，轻则遭指称反社会，重则有可能被认定为违法。

另一组明显类似湖滨社区模型的现象还包括宗教和政治选择。宗教习俗，诸如庆祝特定节日到为信奉的宗教点灯装饰房屋等，经常受到社会网络和想要与众人一致的欲望等影响。与此相类似，政治观点和政党选择等也可能受到社会网络的影响。

在湖滨社区模型中，我们假定所有人都住在一个圆环上，因此社会影响只来自最接近的邻居。这是非常极端也非常罕见的社会网络，真实世界的模型或许是更复杂的网络。就连生活在湖滨社区，住户也可能不只受到最接近的邻居影响，次接近的邻居同样可能对他们产生影响。此外，他们说不定能看到湖泊对岸，所以更偏远邻居的举动可能也具有影响力。

如今，我们已经发现网络结构的改变，通常会对系统层面上的行为产生一定的影响力。例如，当你经由认识的人向不认识的人转达信息。假设你想要传达一则信息给网络中某位随机选定的人，但你只能将信息传达给和你有直接联系的人，然后再请她转发给下一位她有直接联系的人，依此类推，直到信息传抵目标人士。这其中所需（平均）的最少连接数是多少？

在湖滨社区，因所有人都住在环形边缘，所以只能和邻居联系，这位随机选择的接收人，很可能就位于发送人朝左或向右绕圈四分之一的位置（相隔最远的状态是当接收人和发送人分别位于对岸，也就是绕圈二分之一。所以，两人平均相隔四分之一圈）。由于信息只能在网络各连接间流传，所有最直接的路径就是让发送人面朝与目标距离最短的方向，把信息发给最接近的邻居。那位邻居也用相同方式传送信息，依此类推。信息会辗转传经湖滨社区总住户数的（平均）四分之一，然后传抵目标。请注意，随着住户数变多，信息传抵目标所需的时间也随之呈线性增长。假如我们有总计 60 亿人环湖排列，则平均需经过 15 亿个步骤才能传达那条信息。

在湖滨社区，所有人都只认识左右两边最接近的邻居。在真实世界中，尽管我们的社交关系很可能相当局限于本地，不过我们通常也同时拥有一些比较遥远的人脉。所以，让我们修正一下湖滨社区模型，让部分居民与随机选定人士建立社会关系。这个新网络就像原本的湖滨社区，所有人依然和最接近的邻居彼此联系，但此外多了一些随机散布在河滨各处的新社交关系。这类网络（参见图 8.3）称为“小世界网络”，其中的原理我们随后就会提到。

在小世界中传递信息，和我们原本在湖滨社区的做法非常不同。之前我们必须经历繁冗的程序，从一个最接近的邻居向另一

注：在湖滨社区模型中增添了一些随机远距离人脉关系。新加入的关联性大幅改变了系统的信息传递状态。

图 8.3 一种小世界网络

个最接近的邻居一步步地绕圈行进，直到最后传抵目标。但在小世界中，你可以探索新的长距离社会关系，加速信息的递送。小世界仿佛是以地方性公路和快速道路构成的网络。在这里，当你想快速到达某个地方时，就先由几条地方道路通往快速道路，之后便一路前行，直到在目的地附近离开快速道路后，再经由地方道路到达目的地。

尽管我们很清楚小世界网络应该能加速信息传递（毕竟步骤不可能比之前多，而且必要的话随时都可以恢复走外环路线，采取向最接近的邻居传递的途径），但小世界网络模型缩短的时间仍然令人诧异。例如之前提到的 60 亿居民，我们假定各居民都认识 30 人，则预期只需要传递约 6.6 次，就可以传抵目标——这真是个小世界！如果 60 亿居民住在湖滨社区，那么就相当于每个居民各只有两个朋友，因此需要传递 15 亿次。倘若我们假设可以将信息传递给最接近的 30 户邻居，按照等值运算结果，湖滨社区的信息就必须传递 1 亿次。

所以，倘若我们接受小世界网络的假设，那么你和地球上某个人的距离只比六度分隔（six degrees of separation）稍微多一点点（假设我们接受约有 10 亿的民众，基于种种理由无法纳入网络）。小世界模型假定世上的任意两人之间都可能存在随机关联，然而这项假设不见得一定成立，所以我们可以把六度分隔估计值想象成有一个下限。无论如何，结果仍令人称奇。研究人员调查了形形色色的网络，例如，科学论文共同作者、脸书上的朋友、电网的组成连线、控制基因表现的生物调节网络、简单的神经元连接状态以及跨网页链接等。越来越多的证据表明，其中许多网络都有种深层的共同结构，说不定能为某种统一理论的发展提供基础，循此就能说明网络如何浮现以及如何表现。

1969 年，托马斯·谢林（Thomas Schelling）设计出一种很有趣的模型，且和前述讨论者相似。谢林想要了解分隔等议题。他的模型并非假定民众环湖排列，而是假设每位居民都占了棋盘上的一个方格，且并非所有方格都有人占据。棋盘中，各居民周围都有八个相邻方格。假定各居民分别隶属 X 类或 O 类。我们假定两类居民都能彼此容忍，只要邻居当中与自己同类者占了至少三成，他们就愿意留在原位。倘若同类邻居比例降至三成以下，该居民就会随机迁移到另一个空格。

因为居民期盼拥有与自己同类型邻居的偏好非常微弱（三成），那么我们或可预期，这个模型所描述的世界很快会形成两类之间分隔度极低的状态，并稳定下来。不幸的是，实际情况却不是如此。

图 8.4 显示居民的排列状况，包括随机排列的景象（上方两图），以及所有想搬迁的人都移动之后的情形（下方两图）。由于模型的初始居民都随机排列，各居民的邻人平均约有五成为相同类别，另外五成则为不同类型。针对这样的初始状态，我们几乎看不出相分隔的丝毫证据——不论你看出了哪种模式，都肇因于心理上希望为随机性赋予秩序和模式（这是常见现象，例如，抛掷硬币构成的随机序列看来像“正反正正正反反正……”的机会远高于“正反正反正反正反……”）。

接下来，我们让任意居民在只有三成或不到三成的同类型邻居的情况下随机搬迁。由图可见，这种程序会很快造就异类分离的大型邻里。确实，我们发现在系统稳定下来之后，平均而言，每个居民周边约各有七成邻居与自己同类。所以，虽然期望拥有至少三成的同类邻居像是微弱偏好，但还是会导致七成邻居都是同类的结果。

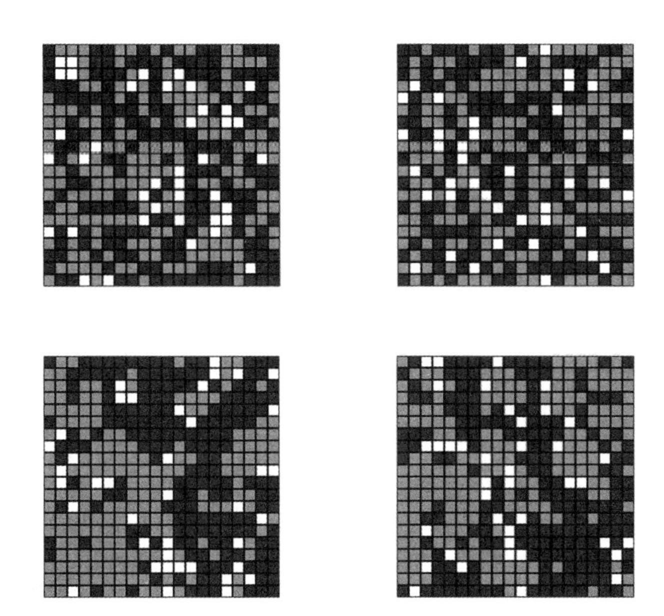

注：拥有 360 个因子的谢林分隔模型，当只有三成或不到三成的邻居与自己同类时，居民就会搬迁。两类居民分别以不同灰度的方格代表，白格表示无人占用。两种随机起始状态（上方两图）分别导致正下方的对应结果。两个初始状态都是任一邻居与居民属于同类的平均概率约为五成，最后则都变换成邻居属同类的概率大于七成的分隔世界。

资料来源：程序由罗伯特·汉尼曼（Robert Hannema）设计。

图 8.4 谢林分隔模型

刚开始我们也许会认为，初始系统的随机混合程序就足以让所有人各就各位，因为平均而言，每位居民都有五成邻居和她同类。当然，这个五成是指整体平均数，部分住户势必会住在比平均数较高或较低的街坊。所以，部分随机安置的住户会发现自己所处邻里中，同类邻居为数不足，于是他们会选择搬走。居民搬迁时，她的八位邻居就失去一位该类邻户，对于那群老邻居来讲，这可能足以颠覆同类居民的均势，导致他们也跟着搬走。当一处邻里中某种类型居民的比例远超出三成，该类型不但会随之变得比较稳定，也会连带驱离对立类型。就如同发生在湖滨社区的现象，稳定组态开始出现连串同类型居民的孤岛，并且还会缓慢增长，纳入恰巧在附近落脚的同类型居民。

我们在前面已经认识到，正反馈回路能迅速颠覆系统，把它转变成一种自我增强的新式组态，这时，它已远远偏离初始起点。谢林的系统就是依照此反馈回路所支配。稍微偏爱与同类邻居共处的因子会形成正向反馈回路，促使同类不断聚拢。

倘若我们改变网络，就有可能对系统引发非常不同的行为。例如，谢林棋盘浮现的分隔度，往往随某种合理的网络组态（如湖滨社区的回路）增强。这样的情况通常相当明显，这些分隔系统的关键驱动因素，就是居民与其邻居之邻居的重叠程度。

在人类历史的早期，我们根植于相当稳定的网络，这种网络的组成贯穿在小型部落的紧密连接中，加上偶尔与某些外人的往来，不过这些往来一般都为时短暂。一段时间之后，随着移动与通信能力的逐步发展，我们渐渐能够轻松跨越辽阔的距离，于是网络也随之变大，密集程度和动态力量远胜往昔。到了 20 世纪，大众媒体出现，一小群民众开始对其他群体广播信息，于是社会网络联结得更为紧密。

到了更晚近的时期，随着计算机问世，我们和未曾见过面、住在从未涉足之地的人士结成“朋友”，网络也变得更为复杂。如今，我们的互动对象可以少至几位挚友，多到好几千个关注者，都经由电子邮件、博客、状态更新和144个字的信息交流。我们发现自己身处重叠网络的交叉点，这些网络的组成包括种种大型群组，包括朋友、同事和形形色色的联络人。我们现今刚开始从复杂社会动力学观点中认识这种新颖的超网络世界带来的冲击。也许你不知道，你在脸书上贴出刚割好的草坪照片，产生的社会冲击说不定会远远超出你的社区范围。

第九章

从心跳到城市规模：标度定律

“可鄙的！”我尖声嘶喊，“别再装聋作哑！我承认是我干的！——揭开板子！这里，这里！——这就是他那可怕的心跳声！”

——埃德加·艾伦·坡（Edgar Allan Poe）：

《泄密的心》（*The Tell-Tale Heart*）

哺乳动物平均约有 10 亿次心跳。不论体型大小，生命都随着每次心跳点滴流逝。所以，一只平均心律约为每分钟 500 次的老鼠，预期能活四年。一个每分钟 50 次心跳的人类，预计约可活 40 年。在一辈子心跳次数固定的情况下，你的基础心律愈低，活得也就愈久。

这样的关系能用来预测（也说不定还能用来理解）我们周遭的世界。从小老鼠到蓝鲸，还有这两个极端规模之间的所有哺乳动物，我们现在就可以单从对某种动物心律的认识，评估该动物的寿命时限。此外，心跳和其他生理特征息息相关，如预测体重和代谢率。这种标度的比例关系便暗指，这些系统深层说不定存有某种更宏观的普适定律。

从数学观点视之，一个变量和另一个变量可能有多种形式的关系。两个变量有可能具有某种线性关系，如 $y = x$。其中有一类关系频繁出现于种种系统中，即称为“幂律”(power law)，其说明某事物的大小等于某其他事物自身任意固定次方，如 $y = x^2$。例如，正方形的面积等于正方形边长的二次方（也就是边长的平方）。倘若我们把各边长度都加倍，正方形面积并不是加倍，而是变成四倍（$2 \times 2 = 4$）。立方体的体积等于边长的三次方（边长的立方）。所以，当一个立方体的边长增为三倍，其体积也随之变成八倍（$2 \times 2 \times 2 = 8$）。

这些几何关系固然看似太过简单，恐怕不能深入阐明复杂系统的运作方式，却仍然带有一些有趣的生物学概念。在动物外观约呈立方体的世界里，如果将它们的尺寸加倍，则其表面积（可以想象成皮肤面积）就变为四倍，而体积（可以想象成内脏）便增长成八倍。所以每单位体积的表面积会因此减少，也就是说当你变大，也会同时变得比较容易保持体温（因为热量的散失是经由皮肤，而热量的产生借由内脏）。这类几何关系还意味着，当动物成长，它们的骨头构造也必须以不成比例的方式改变，因为骨头支撑该动物的能力（这和骨头的横截面或面积相关）只以尺寸的二次方增长，但动物的体重（体积）却呈三次方增长。所以在某部影片中，某个笨拙的清洁工在半夜打扫实验室时，打翻了一缸带放射性的不知名物质，进而创造出某种巨怪猛兽，接着展开一场恶斗。不管是什么样的巨兽，它一定从一开始就注定没有好下场，因为它等比例的附肢一定会被不成比例的体重压垮——大象长了粗壮腿肢是有道理的。

了解幂律之后，我们也就能认识系统如何按规模进行变化。倘若次方数为 1，当我们让自变量（例如一根棍子的长度）变为两倍，也只会让因变量（如棍子的重量）变成两倍。当次方数大于 1，则系统便呈超线性（superlinearly）缩放，所以当自变量变成两倍，因变量就不只是变成两倍。这也是前述面积和体积关系中看到的缩放，它们分别为二次方和三次方。最后，倘若次方数小于 1，则系统就呈现次线性（sublinearly）缩放，当自变量变成两倍时，就会导致因变量小于两倍。

异速生长（allometry）是关于生物身体和生理特征之间关系的研究。这类研究可以追溯至奥托·斯内尔（Otta Snell）1892 年的研究成果。到了 20 世纪 30 年代，马克斯·克莱伯（Max Kleiber）指出动物的代谢率和本身质量按照四分之三次方的比例缩放（也就是次线性缩放）。代谢率告诉我们，一种生物需要多少能量才能生存。四分之三次方意味着我们只需要 2 倍能量，就能维系 2.5 倍的质量。一般说来，这种关系便意味着当动物变大，它们每单位质量的能量效能也跟着提高。

由于代谢和其他种种因素，如摄氧量与心律等，都有密切关联，也难怪这些因素也都有标度定律。呼吸作用和心律随质量按照负四分之一次方的比例缩放。请注意，倘若固定寿命期间的呼吸或心跳次数都是不变的，那么这就表示寿命随质量按照四分之一次方的比例缩放。按照这样的缩放作用，当你的尺寸放大到了16倍，那么你就能活两倍的寿命。

当我们掌握了异速生长的标度定律，现在只需知道生物的质量，就可以预测代谢作用和寿命等关键结果（参见图9.1）。前述许多例子都专注于讨论哺乳类动物，不过也可以把异速生长标度定律延伸至其他生物。即便是在极小尺度，如单细胞生物，这些定律依然成立。所以，地球上的浩瀚生命涵盖超过20个数量级的质量，我们发现了一条能把它们全部串联起来的简单定律。

这种定律的出现也暗示整个系统由某些基本机制驱动。代谢的机制已由杰弗里·韦斯特（Geoffrey West）、吉姆·布朗（Jim Brown）和布莱恩·恩奎斯特（Brian Enquist）确认。这种机制背后的概念是，就算是身体的复杂结构，也必须遵守一些生理上的约束。代谢机制的约束，就是生物的尺寸大小受到养分交换（如循环系统的微血管）的限制。假使微血管有最小尺寸的限制，那么，要让身体变大，就必须在变大的空间里面塞进更多的微血管为组织供氧。这样的限制对整体系统来说就是一种约束。

想象有30个口渴的人，大热天在体育场坐成一列。假设刚

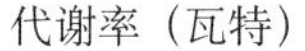

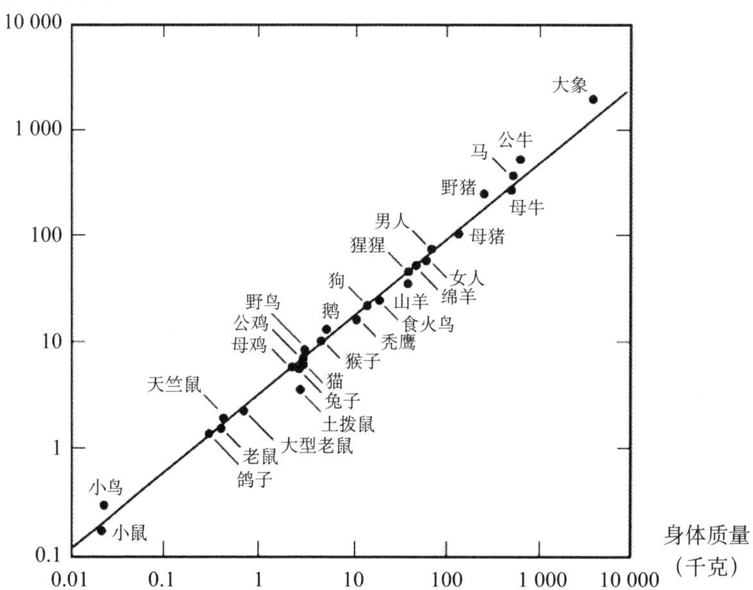

注：由于图中两轴都呈对数，于是根据幂律，每一点的标绘应该全部落在一条直线上。次方数为四分之三也表示其为次线性规模缩放。因此，当生物变大，它们的相对代谢需求便随之减弱——两倍大小的生物所需的总代谢量不到两倍。

资料来源：由杰弗里·韦斯特（Geoffrey West）提供。

图 9.1　各种动物的代谢规模

好有个小贩可以把水递给队伍的第一个人，一次一杯，如果接到水的人口渴，就可以把水喝掉，不然就把水递给下一个人，依此类推。这个例子中的约束就是小贩能递出多少水，还有水杯的大小。倘若口渴队伍的人数极少，小贩就很容易为所有人解渴。然而，当口渴队伍人数增多时，而且每个人都像以前一样喝那么多，那么口渴队伍末端的那个人就永远都喝不到水。不过，如果队伍中所有人的口渴程度都降低了——也就是暗示每个人的代谢都降低了——那么水量就够让所有人止渴。想要满足较长的口渴队伍，还需要不那么口渴的人。我们甚至还可以量化他们的口渴程度必须降低多少：在体育场的例子中，就是1除以口渴人数（得出每人的干渴程度为负一次方，总干渴程度则为零次方）。所以，当我们将人数多加到第八人，且假设所有人的口渴程度都降低为八分之一，水量依然足够。若从一维体育场转换成三维生物系统，情况就变得比较杂乱，结果是每单位质量代谢为负四分之一次方，总代谢为四分之三次方，但基本概念相同。

现在，我们有了一种以幂律组成的简单生物学关系。它将我们的世界用一种漂亮的表述予以呈现，并为这种定律出现的原因加上清楚明辨的理由：体型的约束。当然，这里所谓的“定律”，比较像是公路开车限速之类的规范（其实就只是个好点子），而非如重力等不变的定律，因为我们确实看到一些违背该定律的案例。例如，灵长类和鹦鹉的寿命约是标度定律算出的预测值的两倍。或许是因为它们拥有较大的脑，必须经历较漫长的发育阶段，才能实现它们的演化潜力。人类的偏离状况更严重，这很可能是由于卫生和医疗条件的改善（于是我们能活得远比40年更久）。有些驯养动物，如猫狗甚至牛马等，也都有超乎预期的表现。这可能是由于驯化过程与人为选育。所以对标度定律来说很奇怪，小型犬往往比大型犬活得更久（不过小鼠、天竺鼠和兔子则往往和期望值相符，购买宠物时需要注意了）。能飞的动物，包括鸟类和蝙蝠，往往活得比期望值更久。倘若飞行会因为某种缘故降低代谢率还说得通，然而实际上却完全相反，因为拍翅膀只会让心跳增加，不会减少。

我们希望世界能完美地依照“定律”运作，就算是并非十全十美的定律也很有用。进行科学研究时，经常得面临一种取舍，选择完整认识某特定事物，或者局部了解许多事物。例如，就生物学方面，如今我们投入大量精力试着理解单一生物个体，像是专门研究特定蠕虫物种（以及那类物种的某些特定性质）的生物学家。这类研究的确能提供关键洞见，然而盖尔曼的“直视全貌”说法则暗示，我们也许能从广大的尺度发展出普适性的概念，即便这些努力有时会失败。但这些失败往往也能带来新的洞见。所以，了解拥有大型脑袋的动物或驯养动物往往不遵循普适的标度定律，也许能为我们带来某些新的洞见，只要我们小心别总是照单全收。

在某个领域找到的普适定律，也许能激发我们在其他领域发现相关定律。倘若生物学系统必须面对标度定律的约束，那么其他系统说不定也有类似的情况。

路易斯·理查森（Lewis Fry Richardson）是开拓现代气象与战争预报技术的先驱。他在 1950 年的《致命争吵的统计数字》（*Statistics of Deadly Quarrels*）一书中为战争带来了一幅统计风貌。表 9.1 为他的部分关键资料。由此可见，死亡数字愈高的战争，发生的次数也愈低（谢天谢地）。括号中的数字为死亡数近似值的指数形式，由此我们能看出，随着死亡数以十倍增多，战争次数就以三倍减少。

表 9.1　1820—1945 年战争中的死亡人数

死亡人数近似值	战争次数
10 000 000（10^7）	2（2×3^0）
1 000 000（10^6）	5（2×3^1）
100 000（10^5）	24（2×3^2）
10 000（10^4）	63（2×3^3）
1 000（10^3）	188（2×3^4）

注：括号中的数值代表资料的指数形式。
资料来源：理查森（Richardson，1950）。

理查森的发现可以转化成幂律语言。如此一来，我们可见战争次数和死亡人数有约负二分之一次方的比例关系。也就是当死亡人数变成两倍，战争期望次数就转为原本的 70%。这项关系暗示我们可以预见一场酿成约 4 200 万人死亡的战争会在某个时间发生。当然，幂律不会告诉我们，这场战争会在哪个时刻发生，它只表示倘若预测成立，这场战争是可以预料到的。

乔治·金斯利·齐夫（George Kingsley Zipf）对字词使用的基本统计很感兴趣。倘若我们计算一篇文章中各个单词出现的次数，应该不会太惊讶于某些单词的使用次数远超过其他单词。一个单词的使用频率（按等级区分）可用指数为 -1 的幂律描述。所以一篇文章的次常见单词，出现频率约为最常用单词的一半。第三常见单词的出现频率则为三分之一，依此类推。这项关系在各式各样的语言中都能成立（包括随机产生的语言）。

类似齐夫定律的现象也出现在其他情境中。例如，城市或公司的规模分布也同样遵守齐夫定律。一个国家的最大城市人口数约为第二大城市的两倍，且为第三大城市的三倍，依此类推。就像齐夫的语言定律适用于不同的语言，这种关系发生在各种情境中（如不同国家或时期）。所以，就像先前情况，这些概念显然也有一定普适性。

标度定律说不定也能让我们了解人类物种的存活能力。世界人口约达 70 亿，而且每年约增长百分之一（因此每 70 年就要倍增）。纵贯人类历史，绝大多数人都住在乡间，但居住在城市的人口比例持续而稳定地增长。就在不久之前，这个情势出现了十足剧烈的转变，如今世界人口绝大多数都住在城市。

城市和生物有机体并非有多么不一样。城市的新陈代谢和种种因素息息相关，包括沿着形形色色的知识与经济运输、沟通网络流动的能量与民众，加上各种经过处理后不断释放到周围的空气、水和土地中的废物。所以，如果说我们在生物系统中所见的普适性也同样可能适用于人为系统，或许不会太过牵强，如此一来，也许城市系统也是由相关的标度定律驱动。这样的定律也许能让我们窥见前景，让我们更深入认识，并为人类的未来作准备。

路易斯·贝当古（Luis Bettencourt）、何塞·罗伯（José Lobo）、黛博拉·斯特鲁姆斯基（Deborah Strumsky）、杰弗里·韦斯特和各位同事为各种与城市人口密切相关的城市指标算出了幂律系数。有些指标为次线性标度缩放，如道路面积或汽油销售额，因此当城市人口数增长，每人使用的资源数便减少。也就是较大城市的人均汽油销售额与道路面积低于较小型城市的平均数。这个结果在直觉上看也很合理，因为城市往往朝高处发展，较少向外拓展，于是所需道路数便较少；且公共运输也较发达，促使整体运输有较高能量效率——大致而言，较大城市总能以较经济的做法落实基础建设。其他超线性标度的指标还包括经济产出、创新发展（如专利或研发界就业表现等）、犯罪和疾病等。所以和较小城市相比，较大城市更能以较经济的做法落实生产和创新，不过也更频繁地遭受犯罪和疾病肆虐。这种超线性特征往往和城市较偏社会性的元素息息相关。最后，许多指标因素大多和个别人类需求有关，如住宅、家庭资源消耗和就业，这些都采取线性标度缩放，也就是这些指标的人均数字在所有城市中都相同。

这些幂律系数是根据现有资料算出的初步估计值。此外，它们只为整个情况勾勒出一幅轮廓，当我们转头观察规模迥异的其他城市，或者当新发明改变了我们的命运时，我们或许就会看到当成长的各种极限开始减少，或者当新科技开始抛下救生筏，这些定律也就随之变形。不论如何，它们确实勾勒出未来的样貌。

若是这些估计值可信，则随着世界人口增长，也会有愈来愈多民众聚居于城市地区，特大城市就能纾减若干道路和燃料等资源的需求。不幸的是，提高城市化并不能缓解住宅和电力等个人需求，这些需求依然呈线性增加。

我们未来的关键很可能掌握在超线性因素手中。随着城市规模日渐增长，古老的犯罪和疾病苦难——鲜明地在多数反乌托邦科幻电影中呈现——影响的人均数很可能会提高。这项不幸的标度有望因新兴特大城市的人均经济增长和发明创新的提升而得到平衡。

就像心脏的稳定跳动，世界人口持续增长并汇聚于各城市中心。这样的汇聚或许会浮现一股发明火花，让我们得以延长生存的时间，从而超过心跳的节拍数所对应的预期寿命。

第十章

从水神庙到演化机器：合作

现在请你们手拉手，同心协力，不生异议。

——莎士比亚：《亨利六世》(*Henry VI*)

巴厘岛农夫在山坡梯田种植水稻已有数百年历史（参见图10.1)。水稻需要水，许多影响稻田生态系统产量的重要生化循环，都与严谨控制水流有直接的密切关联，如土壤酸碱度、温度、养分循环、好氧条件和微生物生长等。所以，除了梯田之外，那里还伴随一套结构精妙的重力给水灌溉系统，如依赖季节性河流、地下水流，以及种种灌溉渠道、隧道和引水堰的建设和养护。尽管这些灌溉工程令人叹服——尤其是当时只以手持工具与原始测量仪器，挖出了数公里长的隧道——然而，这些建设依然无法克服先天水资源匮乏的处境。

由于水资源匮乏，而巴厘岛农民又缺乏集中控制，经济学家预测他们势必会面临一场惨烈的竞争，最好的写照就是托马斯·霍布斯（Thomas Hobbes）在《利维坦》(*Leviathan*) 中所做

注：图片中的稻田注满了水以控制病虫害。这些梯田改变了地貌，呈现贴近自然的和谐融合与谦卑的改动。
资料来源：照片由斯蒂芬·兰辛（J. Stephen Lansing）提供。

图 10.1　巴厘岛水稻梯田

的描绘："于是人类只能度过孤单、贫困、龌龊、残暴的短暂生命。"这项预测考虑了系统中的各种外部性——与直接运作完全无关而产生的成本或效益。身处缺水且以重力给水的世界，我们或许会猜想上游农民可能完全不顾下游农民的需求。所以，即使选择让水流到下游，可能会为其他农民带来增加幅度更大的产量，只为自己利益着想的上游农民也一定乐意多用一些水，以增加少许产量。在这种情况下，我们可以重新分配水源，让整体作物收成最大化。理论上说，我们尽可能地依照农民以往收成的最大产量分配收成，留有的剩余获益，便可以改善至少一个人的处境。

外部性只是个别诱因成果低落的例子之一。竞争可以稍微改善处境，但合作则能大幅好转，这种情况实在是屡试不爽。

虽然霍布斯对巴厘岛稻农作出了如此预测，但幸亏兰辛和他同事的研究成果，让我们在岛上发现了农民间的系统层面的合作，这个合作系统促成了延续数世纪的永续农耕。上游农民并未霸占水源，而是与下游农民协调合作，创造远为丰厚的总体收成。

我们在巴厘岛发现了一套巧妙的水神庙宗教系统，其中梯田和灌溉工程实体系统联系密切，这套宗教系统也为合作谜团提供了一条线索。该系统各个引水堰皆与神龛结合，神龛则集结形成奉祀农神的庙宇。所以地方性引水堰彼此交织结合成地方性神庙，并进一步形成其他神庙，于是这种种不同的细部群集凝聚现象，能和基础灌溉系统与实际集水区紧密相连。神龛和神庙每年集会一次，协调各农户的用水问题。

虽然我们发现这里的宗教体制解决了外部性问题，整套系统随之和谐运作并快乐生活，但我们的故事尚未就此打住。这个结论完全比不上真正驱动这套系统合作的原动力有趣。

就像所有的农耕系统，水稻生态系统也必须克服病虫害的侵袭，包括昆虫、啮齿动物、微生物和植物疾病。病虫害有时会把所有作物摧毁殆尽。病虫害破坏的损失和自然与人为因素（如水流模式和收割作业）都有密切关联。

随着作物成长，病虫害也跟着滋生。作物收成之后，病虫害族群便因养分不足而瓦解。然而，倘若新近休耕田地和尚未收成的田地靠得很近，那么病虫害就会大批转移并继续滋长。这部分的生态系统动力学便产生自巴厘岛系统的第二项重大外部性——农民收割水稻可能酿成邻户农民不可弥补的损失。

20 世纪 70 年代，印尼政府在不经意之间对巴厘岛稻田生态系统动力学做了一次测试。印尼政府听取亚洲开发银行的建言，对农耕政策作出一项大调整，明令强制采用新近开发的高产量两熟和三熟稻米品种。强制做法导致讲求和谐与合作的神庙农耕系统崩毁［官方报告指称这是巴厘岛“稻米崇拜”(rice cult）］。

政策实行不久，有关“用水调度乱象”和“病虫害族群大爆发”等报告开始陆续流入地方农业部门。浮现的病虫害问题，起初经由使用抗病虫害新式作物品种和人工处理获得舒缓。不过，大自然又找到出路，于是新品种很快又只能任凭新病虫害宰割。政府报告一开始看来就像一出悲惨闹剧：褐飞虱肆虐情况在导入抗飞虱品系稻种之后业已缓解。然而，此新式水稻品种很快被东格鲁病毒（tungro virus）击垮，于是转而采用 PB-50 品种对抗东格鲁病毒，然而此品种很容易遭受水稻潜根线虫（H.oryzae）病原体引发的褐条叶斑病侵染，等等。这时，因病虫害侵袭导致的作物损害已将近百分之百，在巴厘岛农民的记忆中，这是一段饥饿和歉收的时期。

以上讨论包含了拼凑出巴厘岛水稻农耕出现合作互助的线索。灌溉系统开发最初可能就是源自上游农民任意撷取用水，无视下游农民的需求。由于稻米需要河水定期泛滥才能生长，所以下游农民便须调节水稻栽植期，于是他们的用水高峰只发生在上游农民用水需求减轻之际。如此产生了交错收获的现象，上游农民收获时，下游农民的作物正在生长，反之亦然。只要病虫害总数不多，且田地相隔很远，这就是一种可行的系统。然而，随着人口增长，稻米需求也因此增加，于是开垦了更多梯田。田地因此变得较为紧密相连，形成单一栽培生态系统。紧密相连与单一生态系统都有利于病虫害滋长，倘若农民不协调休耕期，它们就会在田地间传播。

由于上游农民能率先使用水源，若能尽量用水，并通过和下游农民同步休耕，而把病虫害的损害降到最低，对他们而言便是最好的。然而，若是病虫害在田地间流动比缺水的损害导致的外部成本低，则下游农民就宁可等待较大水流，也不愿意同步休耕。此时，就如同棒球投手和击球手对决，投手投出球后，击球手却不挥棒。

然而，当病虫害造成的损害加剧，一种不同凡响的系统变迁就有可能发挥作用。当病虫害导致的外部成本超过缺水成本，下游农民就会希望和上游农民同时栽种作物，因为就算会因缺水而有损失，也好过病虫害带来的损害。此时，农民协调双方田地同时休耕，杀灭病虫害，形成了新的均势。在某些状况下，病虫害导致的总损失增加，反而会形成一反直觉的结果，让作物总产量一起提升。这是由于当病虫害情况恶化时，系统倾向转变成一种合作体制。在这种体制中，双方农民会开始协调栽种作业，并且只有下游农民需承担缺水损失时，双方农民都会因病虫害而付出代价（现在正在避免这种情况），所以在这种情形下，系统总体产量将因此提升。

既然合作动机和农民的成本与收益具有这么紧密的直接关联，为什么还需要神庙？因农民间的合作需要彼此协调，水神庙便在此时扮演彼此协调的角色。寻求并遵守神庙给予的指点，也符合农民的自利原则。即便没有外力威胁、畏惧苦难或遭排斥，水神庙对所有农民依然具有一种毫无保留的支配力量，能规范他们的作物栽种时程（参见图 10.2）。

巴厘岛农民的这段故事是由复杂系统产生的合作。起初，表面看来当地眼见就要酿成一场灾难，上游农民只关切自己的福祉，霸占所有用水，导致作物产量大幅缩减。接下来，我们加入一套包括自然和人为因子的复杂动力学，从而重新调整诱因，于是合作得以落实，作物产量也跟着提升，改善了所有人的处境。这种新结果需要一种协调机制，因此为宗教体制开启了新的社会生态。不过，这套体制并非什么武断的意识形态的实践，也无关

注：2011 年 3 月，巴厘岛上第十个“伊萨卡”月（Icaka month）满月节湖泊女神祭典。这座庙宇控制当地生态系重要贮水区中各种灌溉系统的使用权。
资料来源：照片由斯蒂芬·兰辛提供。

图 10.2 巴厘岛湖泊女神祭典

参与缔造或实践的人们是否真正意识到驱动本体制的根本力量，实际上是水文学、作物成长模式和病虫害族群动力学。复杂的自然和社会系统的相互作用，促使整套系统转变成一个远比原本处境更为美好的地方。

合作是挣扎求生的一项良策，往往能带来一种决定性优势。“而自然的爪牙”，诚如丁尼生（Tennyson）所述，或许都“染满了血”，合作而非相互竞争的能力通常能让一个群体蓬勃发展，远远超出其表面上的能力。合作能借力放大适应性，这方面的实例不胜枚举，可见于所有生命层级。一个细菌对宿主几乎不会造成丝毫伤害，然而一群细菌借由一组化学信号协同合作，发起攻击，就有可能夺走性命。一条小鱼很容易成为捕食者的目标，不过小鱼集结成群，就可能全身而退。人类加入团体，不论是为了在村子里做买卖还是从军作战，他们的生存概率都远高于孤立的状态。

所以，明白合作如何形成与维系，是进一步认识因子互动如何在复杂世界存续的关键。巴厘岛水稻农民的案例阐明了一种途径。要了解根植于系统中的复杂性，必须动用各门学科的贡献。人类学家着眼于岛上新近的农耕和宗教实际活动，并结合考古学家重建过往。历史学家探究绿色革命对巴厘岛农耕政策的冲击。生物学家、农业专家、水文学家和地理学家发展出有关生态系的诸般洞见，勾勒出作物、水和病虫害之间的互动现象。计算机科学家发展出各种基于主体的模型（agent-based model），来说明农民如何作出作物选植的适应性决策。一位人类学家和我使用“博弈理论”等概念，发展出前述的上下游农民作出选择的变形模型，我们联手把谜团的各个片段拼凑在一起，发展出一套模型，说明巴厘岛的合作方式是如何涌现与维系的。

当然，这些概念的发现须有包罗万象的专业知识和努力。或者，我们也可以通过比较死板的抽象模型，以进一步认识合作的运作。这种方式与我和我的同事在巴厘岛所踏上的路途或许是南辕北辙的。不过，只要技巧够娴熟，也够幸运，那么我们忽略的细节就不会构成太大问题，而我们可以使用这套抽象模型，获取一些新的普适性概念。

我们在这里以一种称为“囚徒困境”的独特经典问题，来进一步了解合作模型。囚徒困境的原始版本是，两名共谋的嫌犯被警方逮捕，分别关进单人牢房。尽管警方怀疑他们犯下了死罪，手中证据却少之又少，所以倘若两名囚徒都不认罪，则两人都只会被监禁一年。警察分别对囚徒提出以下条件：只要认罪并当证人，就能获释，不过他的同伙就会被处死。这项协议的唯一附带条件是，倘若两名囚徒都认罪，则两人都会遭监禁十年。两名囚徒必须在不知道同谋是否认罪的情况下，各自决定该怎么做。

囚徒都面临着有趣的困境。假设他认罪，同伙保持静默，那么他就能获释，不必在狱中待一年。倘若他的同伙也跟着认罪，那么他只会遭监禁十年，并不会被处死。不论同伙怎么做，囚徒都最好认罪，也就是背叛同伙。两名囚徒的处境相同，若是他们都为自己的利益着想，都以认罪为上策，那么便会一起在牢中度过十年光阴。但如果他们能够一同合作、保持静默，两人就只会在牢中待一年。再一次说明，竞争可以稍微改善处境，但合作能大幅改善。

假设囚徒困境只能用在囚徒身上，想必无法引起太多兴趣。然而，这里的基本架构包含了许多有趣的情节。如战场壕沟里的敌对士兵可以选择用可预料的手法消极地展示武力，敌我双方不仅都能保证安全，长官也不会来找麻烦（也就是合作）；或者可以攻击对方（也就是背叛）。步兵或狩猎的母狮可以待在阵线前沿（合作），或者稍微后退（背叛），让其他人承受攻击的冲击。两家敌对公司可以心照不宣地维持高价（合作），或私下提供折扣给顾客（背叛）。渔民可以约束自己的渔获量，来维系再生渔产库存（合作），或者在旁人不注意的时候增加渔获量（背叛）。污染源头可以自我限制二氧化碳排放量（合作），或全然不顾（背叛）。细菌能同时释出毒素（合作），或选择休息以节省能量（背叛）。网络拍卖的卖方可以准确描述商品，并维系买卖（合作），或者在买卖前后设计引人误解的骗局（背叛），等等。

请注意，“合作”和“背叛”的标签只描述个别行为人的行动和相对诱因，而并不反映社会的目标。例如，对各自制订价位的竞争公司而言，制订高价以及认为合作会降低竞争性，就是不好的社会结果。又好比水产渔业，渔民为维系渔产库存，自我限制渔获量，如此便能带来良好的社会结果。不论如何，在缺少解套的情况下，囚徒困境的逻辑就会导致背叛——对于石油制品消费者而言，现今状态就是个良好结果，但如果我们关心地球渔业和二氧化碳浓度，这就是个不好的结果。

如果我们身处囚徒困境的严峻世界中，可以明显预期背叛的结果。然而，当我们更改某些基本条件，便可以让合作的选择变得比较合理。举例来说，假使两名囚徒有机会彼此沟通（并信任对方说的话），他们就会约定选择一起保持静默。囚徒困境的博弈中有一项鼓励背叛的特征，也就是事件的一次性。当参与人只互动一次，“不论对方怎么做，背叛对我都会比较好”的逻辑就能成立。然而，倘若参与者必须一再参与博弈，那么未来长远的阴影就变得很重要，合作也会变成一种极具诱因的选项，因为背叛的短期收益，会低于合作可能带来的较长远利益。

关于囚徒困境的合作行为，已经出现各种方式的研究。例如一种针对真实事例进行的个案研究，个案可以是第一次世界大战时期的壕沟战，或缅因州龙虾渔船的行为。此外，还有一种使用博弈理论的数学工具探究一个非常抽象世界的合作限制。还有以实验来研究博弈，有些在实验室进行，也有些在田野实施，实验进行时我们会观察受试者（从大学生到培养皿中的细菌等）在随机且受控情况下的举止。这些方式都带来了有用的洞见，引领我们深入理解合作的根源。

各种途径都具有长处和短处。个案研究能提供直接证据，阐明合作如何在真实世界生成，不过由于实际状况牵涉到错综复杂的事项，因此很难搜集到所需的历史资料并进行分析。数学领域提供了一个很好的方式，即把抽象的问题公式化，不过有时这种抽象形式有可能太过死板。举例来说，一种反复进行并且确定会在 1 000 回合后结束的博弈，与只是猜想应该会在 1 000 回合之后结束的博弈，所产生的结果迥异——由于前者的最后回合为已知，便促使参与者在该回合出现背叛行为，前面所有回合的情势也会因此不同，导致在整个博弈过程中都相互背叛；后者则由于并不确定何时会来到最后回合，于是合作策略也就有可能落实。实验可以教导我们哪些条件才能形成并维系合作，尽管实验一直都是极为有效的做法，但实验通常也有其限制，包括能使用的受试样本、研究人员察觉基本策略的能力，还有设计出适宜的实验环境等难题。

为了深入认识合作，我们必须创造新的方法。过去 20 年来，同事和我一直在开发一种结合过去做法的高科技混合技术。如今，它为我们提供了一个重要的新窗口，借此探究合作如何在复杂系统中涌现。

我们新路径的根本构想，是在计算机中创造一个人工世界。就如个案研究，我们希望形成因子可以根据经验而交互作用在复杂环境上。如数学领域，我们希望以某些容易处理的核心抽象概念为本，循此获得结构和方向。如同进行实验的概念，希望借此审慎观察并操作因子所栖身的互动世界。最后，这个途径结合了众多关键概念，分别出自不同学科，包括计算机科学、博弈论、数学和生物学，也让我们得以从新的视角观察合作。

新路径的各种元素都很单纯。我们使用囚徒困境博弈作为系统的基础物理学。我们人造世界里的因子会根据一段时间前发生的现象，接连用合作或背叛的行动获得博弈收益（在这里，我们用不同比例的点数，而不是真的到监狱服刑）。

每个参与因子的策略都来自名叫“有限自动机”(finite automaton）的简单计算机。这台机器由一组内部状态组成，每种状态各支配一个动作，并根据观察到的对手的行动，转变为一组其他状态。图 10.3 为此类自动机之一。尽管自动机的结构相当简

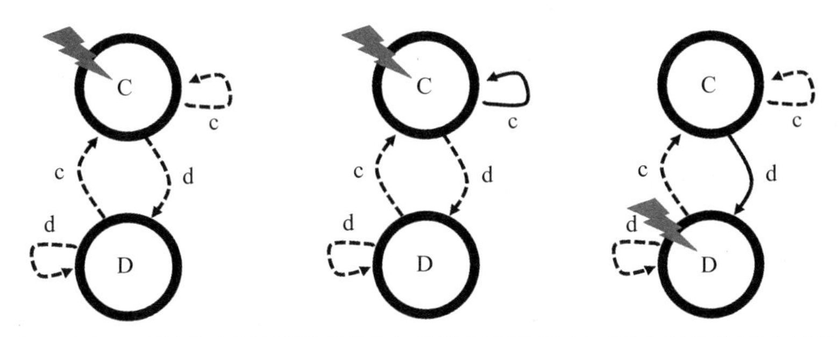

注：最左图以标出字母的圆圈标示自动机的两种状态。圈内代号为进入该状态时会采取的行动（C 代表合作，D 代表背叛）。从各状态伸出的虚线箭头则是转换中的过渡状态，取决于对手在先前时段采用的行动（c 代表合作，d 代表背叛。请注意这里使用的是小写字母）。倘若自动机始终从上方状态开始，那么起始状态便是合作（以闪电符号表示）。倘若对手也合作，则机器会依循相应的过渡箭头（中间图为实线箭头）并停留在上方状态，于是再次合作。倘若对手背叛了（最右图为实线箭头），自动机便朝下方状态转换，即背叛。影响下方状态产生转换的逻辑，和上方状态相同。所以，这台自动机从合作开始，接着模仿对手先前的行动，这是种有用的策略，正式名称为“以牙还牙”(tit-for-tat)。

图 10.3　一款简单的两状态自动机

单，却能表现出根据条件化的行为、历史、计数甚至随机性，针对对手行动作出反应的复杂策略。

最后，为了让因子适应并强化它们的策略机制，我们还采用了一种被称为“基因算法”（genetic algorithm）的简易人工演化。就如真实世界的演化，基因算法也根据博弈表现选出用来繁衍的机制，表现较好的机制繁衍的机会就较高。每种机制的行为都以计算机编码写进自动机里，就像DNA也会传承给后代，或许还经过几项细微改变（突变），这些改变可能会促成因子行为的微妙变化，说不定能创造出一种掌握前所未见又狡猾至极策略的戈尔德施密特（Goldschmidt）所谓的“有希望的怪物”（hopeful monsters），达尔文在《物种起源》中曾写道：“从这样一个简单的开端，演化出了无穷无尽的、最美丽和最奇异的生命形式，并且这一演化过程仍在继续。”

虽然计算模型的各种元素都很单纯，不过模型创造出的人工世界就不单纯了。起初，我们随机产生机制。此时的世界几乎没有任何秩序，因为每种机制都周期性地走过各个状态，表现出随机的合作和背叛。在这个环境中，会因为策略被随机设定，它所赋予的随机运气而让环境优于平均水平，生成背叛次数超过常态的机制，这是由于在对手没有任何秩序的情况下，背叛总能带来较高回报。这样一来，这套系统的初始演化便有利于较为频繁背叛的机制，所以在我们随机创造“生命之汤”的混乱局面中，涌出了一波“鲜血染红爪牙”的秩序，背叛并接管了我们的计算式生态系统。

这波首先涌现的演化浪潮机制，结构出奇地良好。虽说自动机能接触大量可能的潜在状态，但存活的机制很少实际使用这些状态，宁愿一直采用背叛的单纯结构。即便较大的机制能持续施行背叛的策略，这样的机制在繁衍时，也会远比较小的机制对突变更敏感。由于多数突变都是有害的（这里的突变指的是在众多背叛中促成的合作），因此较小的机制胜出。所以，最初的演化会创造出一个始终背叛的单纯机制组成的世界。

想象一下，当我们试图努力在这样的世界站稳脚跟时，唯一胜过其他竞争者的做法便是设法和某人建立合作关系。然而，一成不变的合作会让你的处境大幅恶化，因为和背叛的人合作，只会带来低到极点的回报（在囚徒困境中就是死刑），而你的对手则获得最高回报（无罪开释）。所以，假设永远合作的策略自发地浮现，一旦遇上背叛者，也会很容易上当，并很快地全数灭绝。

假设两个这类合作策略的机制同时浮现。当双方相遇时，就会达成远远超乎平均值的回报。不幸的是，当这类合作机制和更多数量的背叛者竞争时，它们会遭受大量损失，双方合作带来的慷慨收益显然无法弥补缺憾。就算出现了少数无条件合作者，它们最终也会被背叛者征服。那么，想要以这种做法在此世界培养合作，依然不可行。

另有一种稍微不同的路径可以让合作涌现。假设因子只能与其他几个特定因子相互作用。例如，倘若合作者可以聚集在一起，并且只在自己的圈子里进行博弈，与背叛者避开博弈，这样一来，和世界其余角落相比，他们就可以取得非常高的回报。不幸的是，我们的模型并没有直接辨识对手的明确做法，因为没有任何外观特征可以让机制针对下一个对手做出某种推论或归类。就算这有可能办到，机制也没有过往对手的记忆。所以，只与合作者互动的构想是行不通的。

然而，类似选择性互动只是稍微聪明一些的做法，倒是可以让模型出现一种开明的合作路径。尽管起初机制认不出对手是谁，博弈进行时表现的一系列行动却让机制有可能认出彼此。我们的初始演化创造出对阵各方始终相互背叛的世界，也因此如同让一开始就合作的机制发出与众不同的信号。我们发现，永远保持合作的盲目策略注定要失败，所以，倘若机制要让合作策略生效，唯一的做法就是，根据对手针对合作的友好姿态作出何种反应来修改本身行为。倘若一个机制在合作中发现对手没有回报，这时它就可以开始背叛，以免再遭剥削。如果合作动作真的促使对手改变行为并开始合作，那么它们就能建立相互合作的关系，协力共创佳绩。建立合作关系时，必须出现一个（在崇尚背叛的世界上）甘冒短期风险以争取合作的机制，因为只要发现另一个志同道合的机制，并确立合作关系，就有机会享受长期利益。遇上不愿意建立合作关系的对手时，它还必须防范遭受剥削——也就是它必须学会如何审慎合作。

这样的机制能拥抱看似不可行的理想，奉守只与合作者互动，并（间接）避开背叛者的策略。尽管机制不能明确地避免与背叛者互动，它们倒是可以采取含蓄手法，在博弈初始阶段辨认对手类型。如果辨认出对手为合作者，就能建立合作关系，并在博弈剩余阶段持续相互合作。倘若辨认出对手为背叛者，虽然完全避免不了与它们博弈，但在博弈剩余阶段相互背叛，则是退而求其次的解决办法。

前述情节有个特别耐人寻味的层面：这些新机制都自发学习如何彼此沟通。就这种情况，一场博弈的初始行动也就扮演了沟通的角色，能发出（或不发出）合作意愿。所以，演化机制将它们的初始行动重新规划成沟通信号。这就意味着和某些对手互动时，能采用第二优先的行动，承担短期成本，期望借此确立合作关系并赢得长期利益。

所以就算身在满是背叛者的世界里，也可能出现合作关系。当最少两个审慎合作策略同时出现时，它们就可以获得优于平均水平的回报，而且演化就会支持它们永远存续。

我们很容易想象出几种审慎合作的机制，如何在充斥着背叛者的世界里蓬勃发展，最后还接管世界。我们不禁想问：这类策略一开始是怎么自发出现的？审慎合作机制体现了一种相当繁复的策略，首先必须发送某种合作信号，接着根据对手的反应表现合适的举动，然后才能建立合作关系，或者避免遭受剥削。这种策略得靠周密协调才能生效。

催生出这种协调的可能方式之一，就是一些机制同时出现一组将它们重新配置成审慎合作策略的突变。不幸的是，这样一组精心调校的突变出现的概率很低——这是创世论者所拥抱的天文学家弗雷德·霍伊尔（Fred Hoyle）所做的比喻：龙卷风扫过一处垃圾场，却组装出一架能飞行的波音 747 机。另一种方式是单一突变。表面看来，这种观点似乎同样不可行，但实则不然。倘若我们从始终背叛的简单机器开始，单一突变能产生两种可能作用。首先是它会改变机制的单一行动，从背叛变为合作，把它转变为永远保持合作的机制，同时也敲响了它的丧钟。另一种可能则是，突变把机制转变成一种自动机迄今从未派上用场的部分，从而产生一种截然不同的策略。

根据定义，机制未派上用场的部分，并没有经过大自然的检验。所以在这些范围内发生的突变，并没有承受演化压力，而这些未被利用的结构也可能飘忽不定，并对机制的整体表现不造成丝毫直接冲击。这样的变动被称为“中性突变”，由于它们造成的改变并没有对机制的举止带来观察它所得到的结果，也因此不会影响机制的实时适应性。所以就算在一个始终充斥着背叛机制的单纯世界，这些变动也不会固定下来，这些机制未利用的部分，会经历中性飘移作用。

在中性飘移作用下，单一突变可能导致行为出现彻底改变，如让始终背叛策略改变成审慎合作策略。一旦我们有几个审慎合作策略，演化力量就足以颠覆系统，把世界从所有人都背叛变成充满合作的地方。此处合作涌现的真正课题就是，两个或多个审慎合作策略如何自发浮现。

当必要突变同时发生于两个机制时，就会促成这种涌现。这是有可能发生的，因为演化选择和繁衍，有时会促使机制的中性部分复制流传到整个族群并存续短暂时期。假如真的发生这种现象且中性组态是正确的，则在两个机制同时发生的单一突变，就有可能促成两个审慎合作策略。

另外，有些状况则是只有一个机制变成审慎合作，也足以颠覆系统。当只出现一个这种机制时，它的处境会比始终背叛的机制稍差。不过，倘若降级程度并不太过于极端，机制就有可能存活并复制，于是下一代就会包含数量足以颠覆系统的审慎合作机制。另一个可能性是，单一审慎合作机制由于面对的对手向来只知道背叛，于是它总会不经意地触发某些始终背叛的机制，表现出合作行为。始终背叛的机制从未见过合作行动，于是就演化意义上来讲，也不知道该怎么反应。就像多多鸟第一次遇见西方水手，单一或多个始终背叛的机制可能为单一审慎合作机制提供充分的适度，让它得以复制到下个世代，最终就能颠覆整个系统并导入合作。

由于演化总是在搜寻弱点，因此新生成的合作策略必须始终保持警觉，并能回应对手的背叛，即便当合作已经在全世界站稳脚跟，依然不可轻视。不然，说不定会出现某种仿冒机制，在全面发送正确的合作信号并建立合作关系后，作出背叛行为。为了保持警觉，机制必须至少拥有两种活性状态。“以牙还牙”（参见图 10.3）就足以和相似类型的机制建立合作关系，同时也得以避免遭受始终或偶尔背叛的对手的严重剥削。一如既往，演化会对比较先进的合作机制施加压力，促使它们创造强健结构，以禁得起可能导致机制失灵的有害突变。

当然，容许合作涌现的力量也能共谋摧毁合作。如果合作族群很少接受背叛的考验，就有可能在演化上变得怠惰。一旦怠惰，策略就会逐渐飘移到单纯只知合作，不论是从博弈开始还是在确认初始握手之后才开始合作。一旦发生这种情况，始终背叛的机制（第一种情况）或模拟握手后始终背叛的机制（第二种情况）就会上场，并接管世界。

基本上，我们的审慎合作策略会经演化发展出辨别自我和他者的能力。倘若对手摆出得体的握手姿态，那么它就被视为自我，反之则判归为他者。所以，让策略自行对阵交手，合作就可以从这种系统当中涌现，从而轻松解决合作的困境。新的合作路径则是亲缘选择的有趣变异之一，依照亲缘选择，系统会因为因子具有共同遗传基础才涌现合作。这里的亲缘即是基于握手作用才自发出现，因为握手能提供另一种团体凝聚。沟通让这种凝聚力得以滋长是很吸引人的假设。依此推断，沟通的涌现有可能就是促使社会系统建立合作并保障存续的关键路径。

表现竞争性能稍微改善处境，表现合作性则能大幅增进处境，这或许就是社会世界的基本属性之一。不幸的是，这类世界的另一项基本属性是，个别诱因往往有利于竞争而非合作。话虽如此，我们对两种迥异系统的探索带来了一道希望的曙光。我们沿用了复杂系统研究所用的形形色色的透视镜来审视，其范围从针对巴厘岛稻农宗教行为所做的人类学研究，到针对由人工基因演算和自动机抽象理论驱动的计算机生态系统的分析，结果发现，就算身处看似有利于竞争的系统，合作依然有可能生成并加以维系。

也许手和心的相连比我们想象的要容易。

第十一章

从石头到细沙：自组织临界性

没有东西是建在石头上的；一切都是用沙子造的。不过，我们必须把沙子看成石头来建造。

——豪尔赫·路易斯·博尔赫斯（Jorge Luis Borges）

这里我们从一堆沙子入手，最后的结果只得其一（one）。复杂系统发展出看似坚固的漂亮结构之后，我们却经常眼睁睁看着它在顷刻间崩塌。你的身体是由几十亿个细胞组成的构造，它们各自相互作用，形成一个可辨认的、充满活力的你。然而，倘若你的心脏遭受一阵意外电击，那么所有的相互作用、你的整体现状都可能在未来几分钟内停息。或是考虑古典时期的玛雅文明，如此朝气蓬勃的中美洲文化，就在那时瞬间瓦解。复杂系统是不是具有某种先天特性，导致它们都有某种无法回避的弱点，容易在一夕崩溃？

探讨这个问题时，让我们在一张空白桌面上随机撒上一些沙粒。起初沙粒下坠时会待在它们的着陆位置。随着时间的逝去，偶尔会有一粒沙子落在另一粒上头，而且只要新的高度不比周围的沙粒高度超出太多，它就能保持平衡。随着沙子继续堆积，沙堆就会到沙粒下坠时再也无法平衡的地步，此时的沙粒会滚落到相邻沙粒上，紧接着引发一场小小的崩塌。桌上沙粒很少时，这样的滚落会导致愈来愈高的沙堆稍微移位。随着桌上沙粒持续堆积，沙子滚落就会开始导致相邻位置不再平衡，更多沙子也因此滚落，促成更大规模的崩塌，说不定部分沙子还会从桌缘撒落。

这种沙堆的行为，构成由物理学家普·巴克（Per Bak）发展的一种自组织临界性（self-organized criticality）模型的核心。有时，一粒落沙除了坠落在某一定点之外，几乎没有丝毫其他影响。但有时沙粒会启动一场崩塌，触发连锁反应，让更多沙粒从沙堆各处滚落。事实上，所有可能出现的崩塌规模都依循明确界定的概率分布（又是一种幂律），这正是这种系统的特色（参见图 11.1）。

我们在倒沙实验的任意时间点暂停，并对桌面沙粒位置状况作出评断。沙堆的各点不是处于次临界状态（也就是增添一粒沙只会提高一个单位的高度），就是位于临界点上（也就是它已经危如累卵，增添单独一粒沙子都会让它滚落到相邻定点上）。我们添加的每粒沙子，都不断把系统推向一个临界状态。有时大片沙堆摇摇欲坠，多添加一粒沙子，就会触发一场波及整个范围的崩塌。崩塌之后，系统就会放松下来，于是新添加的沙子要么待

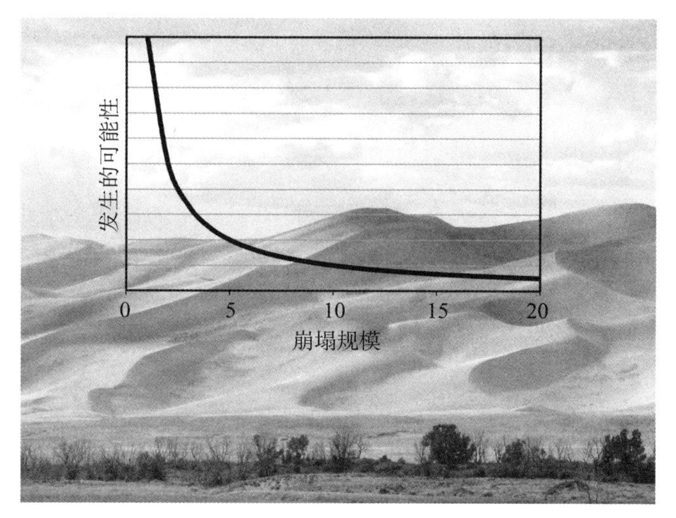

注：随机增添沙粒最终会产生一种自组织临界系统。一旦系统达到这个临界状态，再增添沙子就会造成任意规模的崩塌，这正是幂律分布所描绘的一项特色。

图 11.1　沙堆的自组织临界性

在坠落位置，要么就只引发小型、局部的崩塌，而且很快就被次临界的相邻沙子所吸收。大体而言，我们注意到，系统长时期都是属于局部骚乱，并逐渐驱动系统朝广泛临界状态发展，当时机成熟时，就连小型事件都可能会触发一起大范围崩塌。

这类系统背后有种无情的逻辑驱动。针对上述状态，我们以一种单纯的物理学来描述举止中规中矩的沙粒，即堆积太高时会被重力压垮。就算我们改变物理条件，让沙粒外形较不规则，或改变重力强度，相似行为依然会出现。在新的条件下，系统依然会被驱使朝向临界状态发展。所以，不论实验是地球上的海滩沙粒，还是月球上的尘埃，系统的自组织临界性依然是种基本的涌现特征。

尽管沙堆受简单物理学的支配，其他系统却有可能受其他机制的影响。举例来说，社会系统的临界状态有可能取决于法律规章或财政风险等特征。有时候法律规章对社会行为的影响可能微乎其微。不过，随着因子的情势改变，政策开始收紧，把因子逼进了临界状态，这时就算小事也可能触发大规模反应。所以，我们有可能看到社会出现部分起身反对政府税收和财政政策的反弹，起初也许只是类似波士顿倾茶事件的地方性运动，不过偶尔这也会触发广泛的社会起义事件。或是考虑银行和投资系统，许多机构为尽量提高收益率，将它们的资产投入须承担风险的杠杆操作。一段时间之后，这些系统就有可能踏进临界领域，于是就连微小的改变，如一家银行无力偿还单独一笔融资，都可能接连拖垮一家又一家银行，最后造成大规模崩塌。

物理系统的临界状态驱动力（如重力）都属于外部性，然而社会系统驱动力往往属于内部性。诸如税率和银行等被容许做杠杆操作的社会元素都由政府控制，大致都借由某种政治程序为之。而且通常都有让政治人物改变这种政策的诱因，这些举措就有可能是改变临界状态的关键决定因素。

设想一座古典时期的玛雅城市。农民环绕在城市周围，他们必须缴税给政府，不论是部分作物或是提供劳动力。农民得到的回报是城市提供的服务，如保护、统治和一旦作物歉收能得到的保障。税率低时，农民很开心，因为支付的税额与得到的服务相比之下还有得赚。随着税率提高，农民对他们必须进行的这项交易也愈来愈不开心。到了某个程度，事态就有可能恶化到迫使农民起而造反或搬到其他地方。

假设玛雅政府就像多数政府一样，对于岁入抱着宁可多也不肯少的观点，或许由于有建造更多精雕细琢神庙的需求。当政府提高税率时，就推动系统贴近临界状态。每个农民都不断进行权衡，比较现有位置所得利益与必须支付的税额。他会考虑投入改良土地的资本、人际网络，以及与地方的宗族关系等。随着税率的提高，选择留下而得到的利益和离开必须付出的成本之间开始失衡，于是农民被推向临界状态，一旦到了临界点，即便只是小小改变，例如坏天气或失去一位合作的邻居，甚至是新政府的索取，都可能促使农民动身离去。

一旦有一位农民决定离开，我们就会看到和沙堆相似的冲击。一方面而言，那位农民的田地有可能直接由其他人接手，但仍需要小额投资让土地重新开始生产。那位离去的农民就像一粒沙子，在沙堆形成了次临界的空穴。或者是当那位农民离去时，也可能带动邻居尾随离开。毕竟他的邻居可能因此失去友情和合作的重要社会人脉，而且农民搬走也减弱了不得迁葬祖先遗骨的禁忌。后面这种情况就很像一粒沙子周围环绕了处于临界状态的其他沙粒。

社会系统和物理系统的差别之一，就是社会系统可能涵盖了其他的内部性力量，而这可能加速它们进入临界状态。例如，玛雅农民迁居会造成直接生产损失，迫使政府对其余农民加税。这会进一步使系统接近临界状态。事实上，这种驱使临界状态提高的内部性力量，可能是社会治理的自然结果，因为当政府追求本身的目标时，往往会迫使公民展开行动。一旦系统进入临界状态，任何外界细微小事或政策改变，都可能引发波及整个系统的反应。

自组织临界性观点或能提供一些必要洞见，带我们深入理解快速崩溃和改变的社会现象。古代玛雅城市很快逐一遭人弃置，这点我们或许可以从多年来持续迫使系统进入临界状态的社会政策所预见。一旦社会处于这种状态，就由沙堆动力学占据上风。任何社会系统都不断受到看似无关紧要的事件的扰乱，如时不时的坏天气和统治者失策等。这些扰乱通常不太会造成值得注意的后果。或许偶尔会有一位农民，或是加上一两位邻人，决定到其他地方务农，不过除此之外也没有任何影响。然而，这种举动和反应，会慢慢传遍整个系统，最后无情地驱使它进入一种临界状态。一旦发展到这个地步，再对系统施加一记看似轻微的冲撞，就有可能触发大规模的崩塌。

2010 年 12 月 17 日，突尼斯一个名叫穆罕默德·布阿齐兹（Mohamed Bouazizi）的街头小贩引火自焚，抗议当局多年来的骚扰。触发他抗议的事件是一个市政官员没收了他用来称量农产品的磅秤，让他大失颜面。布阿齐兹想向那位官员解释，然而官员却拒不见面。他便因此采取行动，最后不幸死亡。

突尼斯乡间一位小贩的秤被没收引发了社会动荡，从突尼斯向外激荡，传播到阿尔及利亚、黎巴嫩、约旦、毛里塔尼亚、苏丹、阿曼、沙特阿拉伯、埃及、也门、伊拉克、巴林、利比亚、科威特、摩洛哥、西撒哈拉、叙利亚和以色列的一些边界城镇。如今，这起事件已经掀起好几场革命，酿成政权大幅变动、实行严苛镇压和策动外交谋略。这些事件很可能对世界历史进程造成十分重大的全面冲击，不过我们就眼前阶段还很难推测。

我们可以很容易想象某些作用力，如不开心的市民或独裁统治者的指令会迫使社会进入临界状态。当一个市民被逼得无法忍受，决定挺身抗议，这也会提高附近人士群起抗议的可能。这些国家发生的种种形式的抗议延续了一段时期，不过多数都是偏向地方行动。然而，这些事例已经悄悄驱使系统朝向临界状态转变。一旦系统进入这样的状态，就算一个无足轻重的举动都可能触发大规模改变，我们才刚开始领会所造成的结果。尽管这样的假设纯属推测，但我们仍可以进行检验，试着在各种不同的资料传递方式（如推特，这些源头很可能既记录也促成了这些事件）里面寻找临界性日渐增长的信号。

自组织临界性是种很有趣的复杂性形式，系统的细小部分在局部范围彼此互动，并由一种非常单纯的规则支配改变。一段时间之后，系统便自行从这种特定的局部规则抽离出来，于是它的总体行为便由一种包含各种大小规模崩塌的特征模式所支配。这些崩塌的规模大多数都很小，不过在罕见情况下，也会出现一次波及整个系统的崩溃。全局事件发生时，我们希望探究出原因。但根据从自组织临界性得来的教训，有些力量存在于系统底层，因此就连一般无足轻重的小事，都可能酿成巨大冲击。

最轻微的碰触，都可能让我们的世界从石头变成散沙。

第十二章

从中子到生命：复杂的三位一体

西与东；

在所有平坦地图上，都是一体的，我也是一体的，死亡确实触及复活。

——约翰·邓恩（John Donne）：《病中赞歌》

（*Hymn to God*，*My God*，*in My Sickness*）

1945 年 7 月 16 日，原子时代来临。战时山地时间（Mountain War Time）清晨 5 点 29 分刚过，“曼哈顿计划”在偏僻的“亡魂一日游”盆地（Jornada Del Muerto basin，指新墨西哥州南方一片沙漠，这是西班牙征服者起的名字）试验了一个内爆引爆式钚装置，释出能量约为 2 万吨的黄色炸药。这次测试由该计划科学主管罗伯特·奥本海默（J. Robert Oppenheimer）主持，代号“三位一体”(Trinity)，显然出自奥本海默当时正阅读的两首邓恩诗作：《病中赞歌》和《撞击我的心吧，三位一体的上帝》(*Batter my heart*，*three person'd God*)。三周过后，一枚未经测试，不过设计比较简单的铀 235 原子弹在日本广岛投落。又过三天，一个以三位一体设计为本的装置投落长崎。不久，日本投降，第二次世界大战随之结束。

不论用来做民间发电还是制造核子弹，核反应靠的都是相互作用。其中一类反应是以活力充沛的中子发挥潜力撞击邻近原子核，这或许能酿成一起裂变事件，释放出一些能量，甚至让更多活力充沛的中子加入这场阵仗。请注意“发挥潜力”和“或许”这两个词。机会在这种系统中扮演重要角色。倘若中子能生成中子，那么质量也就有可能依循爱因斯坦的著名公式 $E = mc^2$ 转换成能量。根据这种转变的速度，我们可以得到气候变暖催生出无碳世代的民用电力，或者产生核爆这类毁灭性力量。考虑到一个小小原子固有的潜在能量，难怪在战争爆发之初，各方就十分希望能了解这个发生在原子尺度上的复杂相互作用。这样的相互作用体现了三位一体复杂现象的第一个分支，而三位一体引领我们认识了有关复杂适应系统的一项基本定理。

我们的三位一体第二个分支，从宾夕法尼亚大学莫尔电气工程学院（Moore School of Electrical Engineering）的一项抉择开始，当时他们决定秘密地建造一台被称为“电子数字积分式计算机”（Electronic Numerical Integrator and Computer，ENIAC）的新设备。那台装置是最早的可编程电子计算机，也是信息时代的一项发展里程碑。电子数字积分式计算机的建造计划最早由物理学家约翰·莫奇利（John Mauchly）提出，并递交给马里兰州阿伯丁试验场（Aberdeen Proving Ground）的美国陆军弹道研究实验室（Ballistics Research Laboratory）。莫奇利的灵感源头出自当时称为“计算员”（computer）的一群女性——字面意思就是使用台式计算器计算表格内数据的人，莫奇利和她们接触之后，开始构思更好求出弹道发射表的方法。莫奇利和一位名叫普雷斯普·埃克特（Presper Eckert）的工程师，共同负责电子数字积分式计算机计划，最后开发出一台30吨重的电子计算机，共计占用了1800平方英尺的空间，安装了1.75万个真空管，焊接点数量惊人。

阿伯丁试验场顾问冯·诺伊曼听闻电子数字积分式计算机计划，心想说不定可以用它协助解答“热核问题”——以核聚变为本，但并不靠核裂变的一种炸弹，而这也正是冯·诺伊曼的几位洛斯阿拉莫斯国家实验室（Los Alamos National Laboratory）同行——物理学家爱德华·泰勒（Edward Teller）等人试着求解的问题。1945年3月，冯·诺伊曼、尼克·梅特罗波利斯和斯坦·弗兰克尔（Stan Frankel）拜访莫尔电气工程学院，开始敲定最后计划，构建以电子数字积分式计算机处理的热核反应计算机模型。

不过战争在他们完成工作之前就结束了，到1946年春，梅特罗波利斯和弗兰克尔已经和洛斯阿拉莫斯的高层团队讨论了电子数字积分式计算机的进展，并将计算结果呈报，那群长官包括冯·诺伊曼、泰勒、洛斯阿拉莫斯主任诺里斯·布拉德伯里（Norris Bradbury）、恩里科·费米（Enrico Fermi）和斯坦·乌拉姆（Stan Ulam）。尽管模型很简单，结果依然令人鼓舞。在复杂系统的发展历史中，这代表了一个重大的里程碑，展现了我们如何运用电子计算机去认识在严肃的现实世界中的复杂互动。

受梅特罗波利斯和弗兰克尔成果的启发，乌拉姆意识到，好几种步骤烦琐但效能强大的统计抽样技术都可以用电子计算机来执行。乌拉姆和冯·诺伊曼讨论了这个构想，接着冯·诺伊曼向洛斯阿拉莫斯实验室理论研究部（Los Alamos Theoretical Division）主管提起这个想法。这项使用计算产生的随机性来解决复杂问题的方法，也就是后来的“蒙特卡罗法”（Monte Carlo method）的正式开端（这个名字是梅特罗波利斯建议的，这与“斯坦·乌拉姆有一个叔叔因为要去蒙特卡洛而向亲戚借钱的事实不无关联”）。[①] 到了 20 世纪 40 年代晚期，经由多次研讨会推广，蒙特卡罗法已经成为广受采用的科学工具。

蒙特卡罗法后来还在一篇开创性论文中扮演了关键角色。这篇 1953 年发表的《高速计算机器的状态方程计算》（Equation of

---

① 看来费米在 20 世纪 30 年代早期就用过类似蒙特卡罗式的方法来解决中子扩散相关问题。显然他很爱向同事提出相当准确的实验结果预测，好让他们佩服，其实那是他在一次次失眠中偷偷用机械计算求得的。此外还有其他使用随机性执行重要计算的早期先例，如 18 世纪的蒲丰投针问题（Buffon’s needle）便曾用来估算圆周率的近似值。

State Calculations by Fast Computing Machines）共有五位作者：梅特罗波利斯、阿里安娜·罗森布鲁斯（Arianna Rosenbluth）和马歇尔·罗森布鲁斯（Marshall Rosenbluth）以及奥古斯·泰勒塔（Augusta Teller）和爱德华·泰勒。该论文的核心是“一种通用做法，适合供快速电子计算机器运用，目的是计算出任何由个别可互动分子所组成之物质的性质”。这种方法后来被称为“梅特罗波利斯算法”（Metropolis algorithm）。

该篇论文着眼于互动粒子在空间中如何分布。各粒子彼此互动，而我们可以算出任意给定组态的整体能量。论文提出的挑战是要找出这种系统的最可能组态。

解决这个问题的方式之一就是把粒子模拟为硬币，并且把空间模拟为桌面。我们在桌面上随机抛掷硬币，计算所得组态的能量，仿佛硬币就代表原子的位置，并反复进行。数次反复之后，我们就会开始理解系统能量状态的可能分布情况。这种方法的问题在于，许多努力都产生出不太可能出现的组态。在物理学当中，我们假定系统会找出低能量组态，然而许多随机抛掷都会产生我们不大可能观测到的高能量组态。

梅特罗波利斯和同事提供了一种替代解法，以期找到最可能的组态，而这项替代解法在现代统计方法和认识复杂适应系统（我们将在三位一体最后分支的讨论中提到）方面，都有很深远的意涵。

梅特罗波利斯和他的合作者建议的解法，表面看来似乎出奇的简单。首先，以随机的硬币组态为起点，并把它标示为“现状”。接下来考虑一种新的硬币组态，即沿用现状并使用受一项建议分布驱动的随机过程移动其中一枚硬币所生成的组态。现在，我们就动手计算与所产生的组态紧密关联的利益测量值（就前述系统而言，是指和硬币位置关联的原子之互动所产生的能量数额）并兼及现状和新组态。接着我们使用一项接受度函数决定哪一种组态可以成为新的现状。倘若候选组态优于先前现状，则候选组态就被立刻认可为新的现状。倘若候选组态比较拙劣，则取代先前现状的可能性就与它们各自的利益测量值成比例。候选组态比先前现状的劣势愈大，它成为新现状的可能性就愈低。

算法程序通过使用最新现状，迭代进行上述步骤。奇妙的是，倘若我们追踪这套算法在一段时间所探视的种种组态，我们就会发现，这些组态的涵盖范围与利益测量值的基础分布状况不谋而合。也就是说，系统会把比较多的时间花在具有最高利益测量值的组态上。就上文描述的粒子系统而论，假设我们让算法运行一阵子，接着随机采样决定现状，则我们就会发现系统处于低能量状态。

直观来说，算法的行为很有道理，因为我们的接受准则往往会指引系统进入具有较高利益测量值的范围，并避开数值较低的区域。话虽如此，系统与利益测量值紧密关联的分布完全一致，才是更令人诧异的事实，因为算法根本从未动用任何有关基本分布的总体信息。

不论算法的行为看起来多么神奇，我们都有可能从数学角度来了解它。第一个关键部分是算法始终使用既存的现状为锚定。现状包含了一些重要信息，因此这种演算法并不只是随机搜索遍及所有可能的组态，若是如此，产生的结果将会非常不同。举例来说，只需计算整年下雨的天数，然后使用这个比例预测任意特定日子的降雨概率，我们就能预报天气。另一种做法是，当某特定日子前一天下雨，则我们据此计算该特定日子的降雨概率。各位或许觉得后面的方式会产生非常不同的一组概率，而且关于天气预测，也能提出更为准确的预测，因为今天的天气是预测明日天气的良好根据。

一起事件——如昨天的天气或现状组态——可能影响下一起事件的发生概率，这个观点可以追溯至20世纪初的俄国数学家安德雷·安德烈耶维奇·马尔可夫（Andrey Andreyevich Markov）。马尔可夫发展出好几个关于这类系统的重要结果，这些成就如今被称为“马尔可夫链”(Markov chains)。梅特罗波利斯及其同事1953年的论文使用部分马尔可夫的观点，创造出一类新式算法，称为“马尔可夫链蒙特卡罗法”(Markov chain Monte Carlo，MCMC)。

倘若支配一种状态是否变迁为另一种状态的概率也能应用

于所有状态转变成其他所有状态的可能（不过不见得一步就到位），这种马尔可夫链便称为“遍历”(ergotic）或“不可约的”(irreducible)。倘若这种变迁在几步或更多步骤之后，始终有可能成真，马尔可夫链便称为是“正规的”(regular)。[①] 使用马尔可夫链蒙特卡罗法，可以轻松为下一种（能保证所生成马尔可夫链必为正规链）组态选出一种建议分布。大致来讲，具有对称的建议分布也很有用，而且原始的梅特罗波利斯算法也是如此。这样一来，给定 y 且提议 x 的概率，就必须与给定且提议的概率一模一样。

马尔可夫链蒙特卡罗法由一个正规马尔可夫链所影响，这一事实十分有用，因为随着系统向前运行，链的行为也会愈来愈循规蹈矩。这种系统会形成一种非常循规蹈矩的体制，即任何特定状态的概率都是固定的，而且独立于系统的起点状态。也就是说，倘若我们让马尔可夫链蒙特卡罗法运转够久，系统就会开始依循某种可预测的方式出现各种状态。就天气方面，不论今天天气如何，只要我们等候够久，在未来某随机选定的日子的降雨概率就将是固定的。然而，这些系统也确实必须经历一段特定时期的预热，尽管我们可以从任意状况启动系统，但系统都得花特定

① 所有正规链都是遍历链，不过遍历链不见得都是正规链。举例来说，假使你有个两状态系统，每个时间步骤都从一种状态不断交替变化为另一种状态，这就是遍历的，因为它有可能从任意状态变迁为其他任意状态，然而它并非正规链，因为它只有在偶数次或奇数次时间步骤，才会出现给定状态。

长度的时间，才会忘记它的起始状况，找到更为基本的行为。投入的时间究竟多长，对适应作用具有很重要的意涵。

马尔可夫链蒙特卡罗法出奇举止的第二个关键层面牵涉到接受准则。接受准则的选择都经过审慎考虑，因为这能保证算法收敛于我们的利益测量所隐含的基本概率分布。这种收敛现象有个奇怪的特性：我们一般都没办法直接算出这个概率分布，因为这必须动用系统所有可能组态的相关信息，而这类组态的数量又非常大，所以不可能执行这项计算。所幸，算法不必直接执行这样的计算。有种充分条件能确保所需的收敛，这个属性我们称为“细致平衡”(detailed balance)。细致平衡的要件是，当系统收敛时，产生的变迁都是可逆的，因为从一种组态转变为另一种组态的平衡概率在任何一个方向上都相等。倘若细致平衡成立，系统就会收敛于驱动利益测量的基本概率分布。

阿瑟·克拉克（Arthur C. Clarke）便曾指出“任何先进的技术都与魔法无异”，或许马尔可夫链蒙特卡罗法就是这种技术。经由非常简单的一套操作——根据现状条件随机产生一个候选组态，而且很可能以此取代现状，最后就靠掷骰子下达这个与两个组态的相对利益测量值有紧密关联的抉择——我们创造出了一种由更为深远的力量驱使的系统，这项成就从前完全无从企及，起因就在于其中涉及完全办不到的必要运算。马尔可夫链蒙特卡罗法彻底改变了科学的面貌。特别之处在于，这种算法是贝叶斯统计学广泛运用的必要条件，而贝叶斯统计在今日可说是无处不在，并迎来了一个崭新的分析时代（从有针对性的网络广告到无人驾驶汽车，应有尽有）。贝叶斯统计的核心之一是，它需要计算某些关键的概率分布。这种分布往往不可能直接靠运算求得，不过我们可以召唤马尔可夫链蒙特卡罗法的魔力。

这又带我们来到复杂的三位一体的第三个分支，也就是先前两个分支在复杂适应系统中的隐含寓意。最早催生马尔可夫链蒙特卡罗法的发展原动力，是为了找出一种能够披露先前隐含不显却至关重要的分布的简单做法。以梅特罗波利斯及其同事的例子来说，这是互动粒子系统可能能量状态的分布情形。为了完成这个目标，算法发明人开发出一组产生所需候选项目的简单迭代步骤。仿佛变魔术一般，这种简单步骤就足以发现期望的分布。就复杂适应系统而言，马尔可夫链蒙特卡罗法还隐含着更为深远的意涵。驱动适应系统的机制，例如演化，和马尔可夫链蒙特卡罗法的关键元素有直接的类比关系。简而言之，复杂适应系统的表现就好像在施行马尔可夫链蒙特卡罗法。

想象一个长满睡莲浮叶的池塘，其中一片上头坐着一只青蛙。我们假设每片睡莲叶对那只青蛙都具有某种内在价值（至于高低就看位置而定）。例如，青蛙能在其上于某段时间内捕食的飞虫数（假定飞虫无限供应）。假设青蛙的行为模式如下：每分钟随机挑选相邻的一片睡莲叶，倘若那片新叶上的昆虫数多于现有叶片上的昆虫数，它就跳往该相邻叶片，否则，它就依照两处位置的相对昆虫数的比例，作为跳往新叶片的概率。所以，邻叶上的昆虫数和现有叶片上的昆虫数愈接近，青蛙的移动机会也愈高。

那只青蛙很明显正处在一个马尔可夫链蒙特卡罗法当中。睡莲叶代表系统的种种不同状态，青蛙的位置则是现状组态。当青蛙考虑一片随机选定的相邻睡莲叶时，它就是从建议分布中取得借鉴。当青蛙决定跳向新叶片（也就是创造出新的现状）时，它的抉择便经由梅特罗波利斯算法的接受准则决定，若新叶片（状态）较佳就一律接受，不过倘若新叶片较差，就根据与相对质量紧密关联的概率为接受条件。

由于青蛙采用马尔可夫链蒙特卡罗法，因此能轻易描绘它的长期行为。初始跳跃几次过后（也就是经历一段预热时间之后），若我们追踪青蛙的位置，就会发现，它待在任意特定睡莲叶上的时间，都可由所有叶片上的昆虫总数除以该叶片上的昆虫数求得。这些分数加总起来，就构成一组概率分布，为我们描述出未来某时青蛙待在某片特定睡莲叶上的可能性。例如，假设我们有三片睡莲叶，第一片有 50 只昆虫，第二片有 30 只，第三片则有 20 只，一段时间之后，青蛙就会在第一片叶子上停留 50% 的时间，在第二片上待 30% 的时间，在第三片上待 20% 的时间（参见图 12.1）。

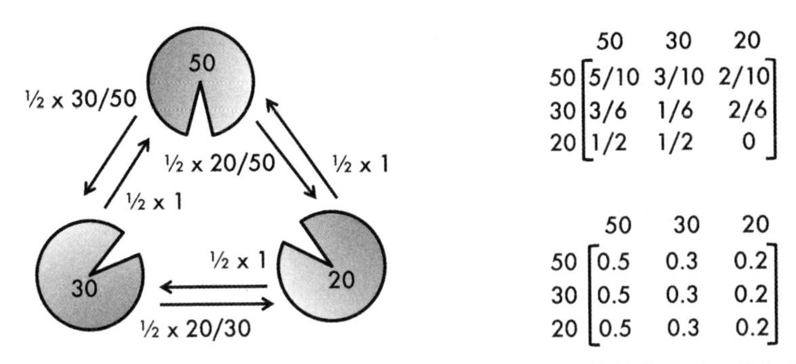

注：三片睡莲叶各有数量不等的飞虫，分别以各叶片上的数值表示。我们假设每个时间步骤中，青蛙各有均等机会从两片相邻的睡莲叶中挑出一片，并基于梅特罗波利斯接受准则向该莲叶移动。左图显示整体设计，其中带标号的弧形指出选择该邻叶的概率（所有情况都为二分之一）× 接受概率。右侧上方矩阵表示所得的马尔可夫链蒙特卡罗变迁概率，也就是说，向该莲叶移动的概率乃是由各行指定，而目前则是待在各列指定的睡莲叶上。经历许多步骤之后，系统便收敛于下方变迁矩阵，青蛙在具有 50 只、30 只和 20 只昆虫的睡莲叶上逗留的次数分别占 50%、30%、20%。下方矩阵即是上方矩阵反复自乘所得的结果。

图 12.1　马尔可夫链蒙特卡罗青蛙

青蛙池塘的情况在其他适应系统中也能成立。适应系统的一个因子组态代表该系统的各种状态。一个因子追寻目标时，须依循限定做法自行更改组态，并朝向能够产生较佳结果的新组态移动。所以假设我们愿意就现实作出一些重大的简化措施，我们就可以制作出一种代表复杂系统适应因子的模型，并使用马尔可夫链蒙特卡罗构想推导出这种系统行为的相关基本定理。

在启动这个过程之前，须先思考一个因子如何表现出各种状态。例如，在生物学当中，用一个有机体的基因型代表所有基因型系统的一种可能状态。在经济学中，状态可以代表一家公司的标准作业程序、一项产品的设计、一位消费者的消费组合或者某种行为规则等。在一座城市当中，状态可以代表道路网络或者种种活动的不同地点。

考虑到适应系统的状态空间，马尔可夫链蒙特卡罗法必须懂得如何使用建议分布辨认新的可能状态。对循规蹈矩的马尔可夫链蒙特卡罗法而言，建议分布形式的相关要求相对较轻——无外乎具备合理移动能力，可以从一种状态向另一种状态过渡。(为方便起见，我们可以加上其他限制条件，如要求这种分布必须对称)。在适应系统中，现存结构能由某种类似突变的操作因子随机改动的想法，是一种很容易让人全然接受的假设，而且这也能够满足前述要件。事实上，突变是生物学系统的核心，而且和我们观察各种系统所见的行为也大约相符。例如，新产品通常与旧产品稍有不同，新技术或科学理念都站在巨人的肩膀上，消费者会稍微修改买来的商品，等等。

就系统的任意给定状态而言，算法都需要拟合优度。就我们的青蛙而言，昆虫就是这个测量值，因为我们假定青蛙吃到愈多昆虫就愈开心。其他适应系统也会出现相似的拟合优度。举例来说，生物学中的拟合度其实带有生殖成就的意涵，这种观点不只和食物供给息息相关，也和有机生物的存活与生殖等整体能力紧密关联。在经济学中，我们经常认为行为人会追求利润（就公司的情况而言）或快乐（就消费者的情况而言）。所以，只要适应系统的因子投入追寻目标，我们就能使用这项目标的测量值，作为驱动我们模型的一个手段。

最后，我们的另一个模型要件是，适应系统采取一种与马尔可夫链蒙特卡罗法兼容的接受准则所产生的一种变型。依照梅特罗波利斯及其同事发展出的这项准则，凡是拟合度高于现状的一切变型，它全接受，而且当变型拟合度低于现状拟合度时，该准则便按照概率决定接受与否，随着两个选项的拟合度差距加剧，可能性也逐步减少。对于许多适应系统而言，这种规则似乎是种很合理的近似法则。

此外或许仍有其他接受准则也能导致细致平衡，从而提供所需的收敛作用。举例来说，倘若建议分布是对称的，那么只要一个接受准则的变型接受的概率，得自该变型拟合度除以该变型与现状拟合度，则该接受准则也同样能导致细致平衡。在此规则之下，假设变型所得数值等于现状值，被采用的概率便为50%，而且随着变型数值增长（缩减），采纳概率也逐渐提高（降低）并偏离50%。顺便一提，倘若系统的接受准则不能达成细致平衡，由于它仍会收敛至一个唯一的分布，所以情况仍有转圜余地，不过这种分布和下面界定的分布稍有差别。

假定我们拥有这种适应系统，其中因子代表系统的一种可能状态。这个因子在每个步骤都有种合理变型接受环境检验，且这种变型根据与相应拟合度相关的细致平衡的兼容性接受准则，来取代现存因子。因此形成一种复杂适应系统的基本定理：前述适应系统经历充分的预热时间之后，其系统因子（状态）的分布状况是常态化拟合度分布。

这项定理指出，前述系统施行一种马尔可夫链蒙特卡罗法，而且这种算法会收敛于（隐含性）利益测量的常态化分布——这里是指接受准则所采用的拟合度。

这项定理表示，一般而言，这种适应系统会收敛于一种常态化分布。所以，适应性因子并不完全能够找到眼前问题的最优解并坚持采用。实际上（只要时间充裕），它们往往会集中处理较优解，尽管只有在极少数情形中它们才会发现自己处于次优情况。假使我们把那只青蛙抛进池塘，让它有机会适应一段时间，等我们回来时，那只青蛙最可能待在有最多昆虫的睡莲叶上，但我们仍有机会发现它待在其他任意睡莲叶上——待在有较少昆虫的叶片上的概率较低，不过仍有可能。

这则定理暗示了，尽管适应因子一般都有良好表现，却仍称不上完美。这个说法令人欣慰，却也让人困窘。我们很高兴得知，只要时间充裕，适应系统往往集中产生世上拟合度更高的结果，然而在极少数情况下，它们仍有可能出现不良结果。尽管接受准则往往偏向朝较优空间运动，系统却也始终都有可能从高拟合度的结果向低拟合度的结果移动。

系统避开这种拟合度变低的移动不是比较好吗？只要防止这种移动，我们就可以确保算法始终朝向较高拟合度的地带行进，正如我们在第五章中讨论过的，这种算法很容易会让我们自己困在局部最适点——所有道路都通往下坡，即便远方有更高耸的山丘。所以，接受较低拟合度组态的需求是不可避免的灾祸，如此才能避免系统困于局部最适点。

人们还可以通过引进温度来修改算法，也就是模拟退火法的做法。过程初期阶段，温度保持得很高，让算法正常进展。随着时间的逝去，我们让搜寻降温，降低弱化型拟合度活动的接受概率。只要给予充裕时间并规划控制严谨的退火排程，系统往往就会紧锁在较高拟合度的范围内。不过这种退火时间表的设计相当棘手，一旦系统冷却，它就无法适应基本拟合度的变化。

请注意，定理必须经历充分的预热时间。请回顾马尔可夫链把下一个状态的发生概率和当前状态联结在一起。因此，既然现在所处位置会影响短期内可以去的地方，那么双方都有一些记忆。在适当条件下（按照我们的定理这能成立），这些初始影响在一段时间之后就会消失，于是链内后续链接便由马尔可夫过程更为基本的力量所驱动。预热是系统要忘记其初始条件落入基本分配处境所投入的时间长度。预热所需时间取决于多项因素。当我们扩大基本空间尺寸时，预热时间也随之拉长，因为探索较大空间耗时较长。此外，预热时间也会受我们建议分布的影响。倘若建议分布产生与现状非常接近的变型，由于搜索进度迟缓，所以马尔可夫链形成缓慢。倘若变型迥异于现状，结果就很可能遭拒绝，则马尔可夫链同样会延缓成形。最后，空间的形状也会影响预热时间。例如，倘若有好几处低拟合度的大范围地区，马尔可夫链就有可能困在这片荒芜平原较长时期，随后才意外发现拟合度较高的空间。

不幸的是，除前述直觉论述之外，我们从理论层级简洁描绘预热过程特性的能力仍极为有限。不过，就适应系统而论，预热具有若干有趣的意涵。虽说我们的定理能确保适应系统最终总会落入正态拟合分布，然而，发生速度则取决于它能多快度过预热时期。倘若系统具有较大的状态空间、更多的异常拟合度地貌、特别糟糕的起始条件，或者建议分布产生的变型太过接近或偏离太远，则系统往往会束缚适应能力，无法快速朝向由正态拟合度分布的较适合的变型收敛。如此看来，预热时间拉长，就会让适应变得比较困难。

如同所有定理，前述定理也是根据一组简化结果所作的预测。定理假设适应系统从一种结构朝另一种结构演变，从而产生作用，而新的结构则是经由建议分布，并接受基于与建议变型相对拟合度相关的接受准则。这是一种稍显静态的模型，由于一模一样的结构永远会得到相同拟合度的测量值，因此拟合度分布固定不变。对比较实际的系统而言，我们或许该纳入内源型拟合度，此给定结构的拟合度便取决于世界上的其他结构。这可以通过扩展模型中的结构概念来实现。我们可以不把它想成是定义单一因子，而是定义整个因子族群，不过这样的细部阐述并不简单，因为拟合度函数通常都在个体层面定义，并不是在群体层面定义。延伸至系统中，就仿佛我们操作多重马尔可夫链蒙特卡罗法，而每个因子都适应其他结构创造出的（瞬变的）世界。

另外两项驱动我们定理的关键元素是建议分布和接受准则。只要建议分布的选择很合理，马尔可夫链蒙特卡罗法一般都相当稳健，不过前文也曾指出，这种选择有可能影响预热时间。不幸的是，我们很难推导出关于建议分布与预热时间相互关系的确切理论，唯一例外是调校搜寻距离会影响预热时间的概念，其中不大不小的“金凤花”区域中（Goldilocks）能有最快的预热时间。

接受准则是该算法的另一个有趣元素。梅特罗波利斯算法原本采用的接受准则是由设计需求所驱动，而且即便它们能提供可推衍出许多适应过程的合理类比，仍有其他准则可能引人关注。举例来说，我们可以找到各式可做替代的接受度函数，如有些比较直接的相对拟合度测量也能创造细致平衡，这便可让系统得以依循定理收敛。针对能创造出细致平衡的接受准则类型，从而产生较好的特色描述将会十分有用。此外，即便不能维系细致平衡，系统依然会朝一种独特状态分布收敛，不过那种分布不会由常态拟合度给定。在这些情形下，替代接受准则依然有可能造就近似上述结果的系统行为，或者产生独具内涵的结果。

本章开头谈起战争危急关头激发出认识互动原子系统、开发新颖工具（如可编程计算机）和方法（如蒙特卡罗方法）的需求，可以用来提供理解这类系统的必要洞见。这是一个发生在原子时代和信息时代的黎明期，充满才气甚至偶尔调皮的故事。我们复杂的三位一体，在重新规划战争演化法后就完备了，我们借此能深入探究复杂系统适应因子的行为。而这种因子在不知不觉间施行了一种算法，并把自己紧锁进一场逼真的宇宙舞蹈中。梅特罗波利斯便曾指出：“令人遗憾的是，战争似乎是发起这种革命性科学进展的要素。”

结 语

博学的天文学家

当我听那位博学的天文学家的讲座时，

当那些证明、数据一栏一栏地排列在我眼前时，

当那些表格、图解展现在我眼前要我去加、去减、去测定时，

当我坐在报告厅听着那位天文学家演讲、听着响起一阵阵掌声时，

很快地我竟莫名其妙地厌倦起来，

于是我站了起来悄悄地溜了出去，

在神秘而潮湿的夜风中，一遍又一遍，静静地仰望星空。*

——沃尔特·惠特曼（Walt Whitman）：

《草叶集》（*Leaves of Grass*）

我们都听闻过博学天文学家的故事。我们也都遇见过仔细铺陈的分析，虽然值得鼓掌赞扬，却似乎与我们希望凝视与认识的星辰严重脱节。

---

* 译文引自沃尔特·惠特曼《草叶集》，上海译文出版社 2019 年版。——编者注

现代学术界也普遍存在这种不安。我们审慎地完成分析，了解了脑中的化学互动，或者简化拍卖体系的最优出价策略。然而，这些关于脑内思索过程或市场组织交易能力的研究，似乎与我们真正敬畏的现象之间，只有肤浅贫乏的关联。

尽管我们总是责怪科学家把焦点摆错方向，但事情并非那么简单。认识世界的还原论——把复杂事项分解成各个组成部分并仔细剖析，直到我们认清它们——让我们进行了一场阿基米德式大采购，把复杂世界推入理智光芒当中。不幸的是，这类工具也只能推动世界到今日的程度。

纵观本书的所有篇章，我们了解到认识部分并不等于认识整体。还原不能让我们认识构建，而结构正是复杂系统研究的基本概念。即便我们能透彻了解每只蜜蜂、每位市场交易员或每个神经元的行为如何受环境左右，我们对于蜂巢、市场或大脑如何运作依然所知甚微。要想真正认识蜂巢、市场和大脑，我们就必须了解蜜蜂、交易员和神经元的互动如何产生系统层面的整体行为。完整分析一只蜜蜂如何对收到的化学、视觉和听觉信息作出反应，我们就能多认识一点新知，进一步了解一只简单有机生物如何对世界作出反应。让这些蜜蜂在筑巢过程中互动，于是我们可以开始看见新的行为涌现，尽管这显然与个别蜜蜂的行为息息相关，新行为却同时与个别行为完全脱节，而且单凭一只蜜蜂的观察结果，也不容易因此作出预测。就如其他有机生物（包括我们），这种新涌现的实体也具有种种能力，包括调节体温、搜集养分、贮藏并使用能量、保护自己免受外来者侵害、清理废物、攻击内外部威胁，甚至繁殖。

复杂系统科学的终极期望乃在于，蜂巢、金融市场和大脑之间也都有深层次的联结，或者与其他有机生物、城市、公司、政治系统、计算机网络等事物都不是全然有别。蜜蜂群体有可能只是大脑更容易观测得到的一种实例。如果是这样，我们就能促成更好的普适正反馈程序，以及确立最终触发作用的最低数，或许不仅能够左右蜂群的选择，同时也能影响我们自身的决定。

过去二十年来，种种复杂系统思维已经慢慢汇聚，形成了一幅新兴学科的织锦，这种思维不是考虑某个特定事项，而是从整体着眼。这幅织锦的经纱，绷紧架在科学织布机上，而其组成元件则包含了如今已经成为复杂系统研究整体环节的关键理念和工具。至于与经纱交织并把它联结在一起的纬线，则开始加入一种缓慢涌现的模式。许多织工不断投入制作这幅织锦，每个人都试图在自己的作品中保持连贯性和美感。最近，我们开始看出各个部分业已开始彼此融合，以如同纳瓦霍地毯的条纹般留下了一些黯淡的粗线条。而这里探索的种种复杂系统理念和实例，已开始产生一幅相当美丽并且实用的织锦。

我们初探复杂系统时，我们对简单、局部行动一旦联结起来，会如何产生新的总体模式进行审视。这些类型的系统在我们的世界可说是多不胜数，如今我们知道，从简单的开端可以到达不可思议的终点。彩绘玻璃的细小碎片，一旦联结起来，就会产生一面花窗玻璃，并在我们的心灵之眼中创造出一幅能激发信仰和灵性的影像。甚至现在当你阅读这段文字时，像素结合变成单词，单词发展出意义，而意义相互缠绕形成思维。

为了解简单部分如何产生总体模式，我们使用了元胞自动机数学。这些抽象创作物与一台计算机的效用联结，将它们的含义可视化，显现简单而局部的分散程序如何产生总体模式。

两百多年前，亚当·斯密唤出了“看不见的手”——意思和“出现了奇迹”差不多——来解释为什么商人各自基于个人私利采取行动，能产生不出自任何人本意的结果。当我们调查繁忙集市的商人时，复杂系统观点也开始让亚当·斯密的引领之手现形。当条件合适时，市场就能扩大简单开端的力量，导致新兴的总体模式（价格），从而分配资源和经济生产，以发挥最大用途。

当系统很简洁时，我们就能一步步轻松地追踪它们的行为，如此还能针对整体系统行为作出准确的相关预测。当系统很复杂时，这样的追踪也就变得困难许多，这是由于每留下新的踪迹，都会改动先前的踪迹，导致追踪极端棘手，甚至有时完全不可能预测——好比2010年5月6日，堪萨斯州肖尼邮政区的一台计算机交易程序出了看似无关紧要的差错，却意外产生一种反馈回路，横扫金融海岸并酿成大祸。

每当我们让系统相互联结时，也同时加入了反馈回路。某些类型的反馈会导入稳定力量，把系统化为一个整体，从而稳定下来。但另外有些类型的反馈，却让系统变得不稳定，就算经过谨慎思考和设计，建构出的系统依然很容易带有非本意——而且会酿成不幸的反馈回路。2008 年全球金融崩溃激起的回响，迄今依旧荡漾不绝。酿成这场大祸的系统，从各组成部分分别看来都合情合理——起码能以合理方式对局部刺激作出反应。不幸的是，部分的真实情况对整体而言却并不成立，而且部分之间的相互关联性，还会产生一系列能瓦解全球经济的反馈回路。我们经常听到，某个灾难事件的祸首是各种事件集结成的“完美风暴”。然而，在复杂性日益增长的世界中，我们只是在加强完善我们创造这种风暴的能力。

当复杂性随处可见，多样性就更为重要了。以同质性因子组成的系统，其表现和异质型系统相当不同。同质性系统的因子都基于相同的线索，表现相同的行动，面对新事件时，有可能表现出比异质性系统更戏剧化的行动。所以，假设我们希望更妥善地预测系统会表现出哪种行为，我们就必须明确阐述它的异质性，不能只信赖“典型（即同质性）因子”等理论性权宜做法。

异质性的价值取决于系统的类型。当我们需要渐变式反应时，异质性就很有用，所以就一群蜜蜂试图控制蜂巢温度的系统或一批商人试着稳定价格的系统而言，异质性愈多就愈好。然而，对某些系统来讲，这种异质性就是有害的，如希望控制社会运动的政府，或希望释放出毒素的细菌群落，较少异质性也许可以带来好处。

当复杂性随处可见时，要找出问题的解决方法往往变得很难。复杂系统中固有的种种相互依赖关系和反馈作用，导致在系统中搜寻新的解法极端困难。在世界比较不复杂的部分，找出良好的答案就像攀爬富士山，只要不断向上坡走，就会抵达山顶。在这样的世界里，犯错——朝错误方向踏出一步——只会妨碍进展。但当复杂系统牵涉到难度非常高的搜寻时，山脉不只崎岖，还笼罩浓雾，甚至每一步都可能高低不平。当我们相互关联且相互依存的部分共同组成整体，这种复杂山脉可说是常态，如同我们在消费者商品、技术、制造过程和鸡尾酒疗法中常见的那样。在这样的世界里，就算攀登浓雾弥漫的山丘时全无犯错，我们仍有可能错过地貌的最高点。事实上，我们有可能发现自己成功站上了一座鼹鼠丘顶峰，却误以为自己登上了山巅。为避免错认鼹鼠丘为高山，我们需要在复杂世界中进行新的搜寻手法。特别是在我们的搜寻程序中加入错误——偶尔朝下坡方向随机迈步——或许可以让我们摆脱鼹鼠丘陷阱，启程朝山巅行进。

当复杂性随处可见时，决策也变得无所不在。身为能思考的动物，我们发现自己太过轻信决策必定需要智慧，而智慧的要件则是大脑。然而，在具有复杂关联和相互作用的世界里，简单的部件有可能下达明智的决策。

从免疫系统中的白血球，到栖居体内的种种细菌，它们每秒钟都作出数以亿万兆的明智决定，而且连个神经元都没有。我们栖居计算和决策的汪洋中。大自然把简单的化学和物理程序串连在一起，创造出有能力从世界接收信息、存入记忆，并据此作出决定的生物计算机。

这种由演化塑造成形，不依赖由神经元驱动的大脑运作的生物决策系统，确实有作出明智选择的能力。值得一提的是，就连细菌都能按照明确界定的一组偏好决定行动。最令人吃惊的是，细菌连同它们的大脑人类弟兄一样，在作决定时，都会坠入种种有偏见的陷阱，导致表现不尽理想。神经元的用途在于能快速地将信息传递很长的距离，不过，许多生物体的尺寸根本没有那么大。一旦我们放下对神经元的需求，细菌和人类采用的决策过程或许并非这般不同。我们很可能存在于一个思想无处不在的世界里。

倘若个体的决策和智慧并不需要大脑存在，那么关于智慧如何从因子集群涌现的想法就不算太过于天马行空。例如，蜜蜂能表现数量有限的行为组，并且都与清洁蜂巢、育幼、形成蜂房、采集花蜜和花粉等相关。然而，把数千只蜜蜂摆进群落，我们就得到崭新的一套实用群落层级的行为。经由数千只蜜蜂相互作用，涌现出一种超生物体，能表现出历经生存考验的行为库。这些蜜蜂群组在其他类型的因子群组也能够成立。每年都有成千上万首歌曲发行，社会试图从前十大排行榜之类的列表中辨识出较好的歌曲。我们不难将蜂群的概念与《公告牌》百大热门排行榜联想，因为某首歌登上排行榜的可能性和歌曲质量以及被人聆听的频率有间接关联。政治初选和公开辩论也受相同的机制左右。

关于集体决策最耐人寻味的联结之一是我们本身的意识。大脑里的神经元和群落里的蜜蜂，或许也并非有多不相同，若真是如此，我们便可以发展出一种新的思维方式来考虑思考。在蜜蜂间涌现的蜂巢心智，说不定也能解释我们心智里的蜂巢。

当复杂性随处可见时，网络联结也很重要。这些网络能决定因子的互动可能，从而促成总体模式涌现。有时候这些模式很实用，如蜜蜂找到一处建立新蜂巢的好地点。但有时，网络会酿成不利结果。例如，即使居民起初只稍微偏好和同类型人士住在一起，最终非常可能生成一个高度区隔的社会。一个社区的真实情况，在政治选择、宗教信仰、犯罪，还有其他社会规范等方面，也同样成立。我们栖居在这样一个世界中，由于网络的复杂性，就连良善本意都可能被轻易淹没，迫使我们只能面对没有人刻意谋取或想要的结果。

当复杂性随处可见时，标度定律也有可能盛行普及。如今我们才刚开始慢慢发现，我们所栖居的种种复杂系统可能受到某些潜在定律的支配。某国最大城市的人口数量，能告诉我们第二大城市的人口数量。一只老鼠的心律，能告诉我们一头大象的寿命。酿成 1 000 人死亡的战争发生过几次，能告诉我们夺走百万人性命的战争会发生几次。

有了标度定律，不只是方便实证研究，也能在理论方面引导我们推测系统之间更深层的统一性。我们得以遵循从生物系统导出的标度定律，在社会和人工系统上也发挥作用。城市是必须输送、储存并运用能量的有机体，因此城市有可能表现出与生物系统相似的标度定律。过去一个世纪以来，人口统计学的关键趋势包括人口持续增长和城市化程度加深。如今的世界已经拥有超过 70 亿人口，其中一半以上都住在城市。了解城市的幂律能带来新的关键概念，带领我们深入了解这颗星球的未来。

当复杂性随处可见时，合作就有可能涌现。合作能力是左右我们这个物种成败的关键元素。在多数社会性世界中，竞争能稍微改善你的处境，合作则能大幅增进。不幸的是，个别诱因往往有利于竞争，而非合作。

尽管个别诱因预测世界会陷入残酷的竞争中，但仍有充分实例显示，复杂系统会涌现合作模式，带来希望的光芒。巴厘岛水稻耕作的发生条件，似乎有利于次优的竞争结果。然而，随着人类和自然生态系统愈来愈趋紧密，农民也开始相互合作并协调农耕活动，为大家生产更多粮食。

其他系统似乎也会涌现合作模式，尽管让竞争成为显学存在令人信服的理由。我们可以使用演化式计算机程序的抽象模型探索合作的起源。在这样的世界中，当演化策略重新利用早期的博弈方式，让因子学习彼此沟通，并能发出愿意合作的信号时，合作就会涌现。当这样的信号发出并据此采取行动时，某种类似秘密交互的动作也就自发产生，构成一种区辨自我与他人的方式，合作也得以蓬勃发展。

当复杂性随处可见时，自组织临界性就有可能出现。复杂系统经常把自己组织成特有组态，体现非本意之秩序。这种秩序意味着这是濒临行动边缘的系统。自组织临界系统会造就一个任何规模的行动都可能发生的世界。绝大多数事件往往促成小规模的局部崩塌，虽然很少有一个小事件可能促成一起波及整座沙堆的崩塌。

某些类型的社会系统，也可能自组织形成临界状态。这些系统通常形成微乎其微的小规模行动，如突尼斯偏远小镇一位街头小贩被逼得起而抗议，但这样的状态偶尔也会触发重大后果，如随后在 2010 年后期，一股抗议浪潮涌现并席卷中东地区。

甚至在我们尝试认识复杂性的过程中，复杂性也随处可见。利用原子进行战争的愿望促成了一张非比寻常的网络，把人、理念和技术联动起来。这张网涌现了一种普罗米修斯式的买卖，不只创造出人类历来所知的最富破坏性的武器，也创造出为复杂系统的现代科学搭建舞台的核心概念和工具。借由灵妙利用这段时期出现的计算子状态，我们在过去数十年来，已经能够快速推进我们对互动系统的认识。

事实上，原本是为了了解原子行为而设计，目前则是用来驱动新兴分析时代的算法，为复杂生活带来了一种新的观点。适应性因子都是宇宙算法舞蹈的一部分，也深受决定它们命运的深奥力量的影响。

最后，复杂性在我们社会整体面临的挑战中随处可见。以人类眼前的任何重大议题为例——气候变迁、金融崩溃、生态系统存续、恐怖主义、流行性疾病、社会革命——各位读者就能看出，它们都根植于复杂系统。源于复杂系统的概念，如今正开始重塑我们如何思考世界和据以行动的方式。遵循还原论模型的政策注定都要失败，这就像只想到单一银行持有的有价证券，却忽略了把各家银行束缚起来的相互关联和相互依赖的关系。唯有拥抱更宽广的复杂系统观点，政策决定才跟得上日益复杂的世界。

本书探讨的种种概念、理论和观察线索，构成了一张重要的新颖织锦，必定能为我们带来观察此世界的新鲜观点以及推展目标的新颖手法。这张新涌现的复杂系统知识织锦，本身也受复杂系统各种定律的规范，所以，它展现了一种总体美感、连贯性和效用，而这些都不是任何一个织工的本意或是他们力所能及的。就在我们于寂静无声中观看随处可见的复杂性时，形成各条线索的种种证据、见识和结论，也已经开始逐渐化为更深邃的学识。

图书在版编目(CIP)数据

直视全貌:商业、生命和社会生活中的复杂系统科学/(美)约翰·米勒著;蔡承志译. —上海:格致出版社:上海人民出版社,2023.8
ISBN 978-7-5432-3451-2

Ⅰ.①直… Ⅱ.①约… ②蔡… Ⅲ.①系统复杂性-研究 Ⅳ.①N94

中国国家版本馆 CIP 数据核字(2023)第 058520 号

责任编辑 唐彬源
装帧设计 路 静

直视全貌
——商业、生命和社会生活中的复杂系统科学
[美]约翰·米勒 著
蔡承志 译

出　　版 格致出版社
上海人民出版社
(201101 上海市闵行区号景路 159 弄 C 座)
发　　行 上海人民出版社发行中心
印　　刷 上海颛辉印刷厂有限公司
开　　本 890×1240 1/32
印　　张 7
插　　页 5
字　　数 126,000
版　　次 2023 年 8 月第 1 版
印　　次 2023 年 8 月第 1 次印刷
ISBN 978-7-5432-3451-2/C·291
定　　价 62.00 元

A Crude Look at the Whole: The Science of Complex Systems
in Business, Life, and Society
By John H. Miller

本书根据 Perseus Books LLC 2015 年英文版译出
2023 年中文版专有出版权属格致出版社
本书授权只限在中国大陆地区发行

上海市版权局著作权合同登记号：图字 09-2017-097 号